探訪
創作者的家

CREATORS
AT
HOME

這世上其他人到底住在什麼樣的房子裡呢？
家裡是什麼樣的裝修風格？又是過著什麼樣的生活？
同時，如果那個人又正好是富有創造力的 Creator（創作者）的話……

有些人的住所會直接受到工作影響，
相反的有些人為了充分享受個人時間，過著完全與工作分離的生活。
雖然生活方式各種各樣，但大家對於裝修的選擇都有個共通點就是
「喜愛」——這個最初的衝動。
即便之後因為加工或細微調整，整體裝修風格都可能會發生改變，
但他們以獨特的感受，展現自己喜愛物品時所表現出來的品味與平衡，
讓人嘆為觀止。

過著被自己喜愛的物品包圍著的理想生活。

那是每個人都會在心裡描繪，理所當然的夢想，
但實現起來確實非常困難的。
「喜愛」越多，主人的氣質以及積累起來的事物越明顯。
書中介紹 16 位不同類型但都感受性極高的創作者住所，
他們又是被怎樣的「喜愛」物品包圍著呢？

CONTENTS

藝術總監的家

尾崎大樹

CASE 1
>>>
ART DIRECTOR
DAIKI OZAKI
P.6-15

1 > 這是各種嘗試 MIX 在一起的起居室。所有一切都像是經過精確計算似的，能夠完全契合在一起，但令人不可思議的是這一設計沒有絲毫壓迫感，打造出輕鬆愉悅的氛圍。

2

2 > 尾崎自己設計並製作的微波爐台，分隔出來的抽屜既實用又非常酷。為匹配整體室內陳設的氛圍，把手選用黃銅材質。 3 > 廚房對面的牆壁上裝飾著在波蘭偶遇，尾崎先生很喜歡的一塊古地圖面板。 4 > 廚房為普通地面，尚未開工的狀態，考慮到混凝土的乾燥時間較長，是最先著手的力作。右側牆壁有一層磁石塗料，用以抵消無生命的生活感，實現室內裝潢的獨特又兼具便利性。

4

5 > 使用的各種色彩也會讓人覺得高級時尚，色彩的平衡著實讓人佩服。關鍵
點在於帶有色彩的物品也不會看上去質感輕薄。兒童房的牆壁上半部分使用
玻璃，使其具有開放性。

5

6

在沉悶為基底的空間中加入居住的溫馨感——「旅行與復古」

「我的終極理想就是一個超級大的房間。」尾崎如是說。從購買這套景緻優美的二手公寓，夫妻兩人在室內裝修上把自己的品味發揮得淋漓盡致，到現在已近兩年。

「之前租房的時候住的還是很普通的房子，但我所從事的是這種職業，只要有自己的家，無論如何都想做成自己喜歡的樣子。不管是選擇獨棟還是集體住宅，都必須要把內部拆掉重新打造。新公寓一般都已裝修好，我們夫妻倆又特別喜歡復古風，也就自然而然選擇二手公寓了。」

特別情有獨鍾的是原創的中央式廚房（島式廚房）。為了在舉辦家庭聚會時能夠方便站著吃，使用混凝土面版製作的操作台稍高一些，用混凝土注入後等待一個半月。在這期間也進行了其他的施工。這個廚房以及裸露出來的天花板，使得整個房間呈灰色調，給人冷靜的感覺。

「白色塗料中也稍稍拌入一些灰色，做成煙霧色的基底。放置的室內陳設品基本上全是復古風格。我並沒有侷

7

6 > 因為空調等的原因就放棄了打通的念頭，但寢室門用中央的壁櫥代替，基本上屬於半開放。孩子玩的鞦韆給人留下超現實的印象。　7 > 寢室壁櫥與天花板之間的縫隙產生了一些缺失感。之前這裡塞滿了書籍，現在放上最近開始收集的浮木，成為製造店鋪氛圍的來源。　8 > 尾崎家裡不僅有觀葉植物，還有許許多多的乾燥花和插花。由於工作上的關係，買花多是尾崎來買，但搭配裝飾全由夫人來做。

8

9

9 > 將吊床或是土耳其基里姆花紋花毯等等，升級成波西米亞物品的沉穩古董級傢俱。陽台鋪上木頭地板，提高室內與地板連結的解放感。　10 > 重點在於採用變化多端的植物。集中「懸掛式」與「垂吊式」，稍微運用架子的角落作為展示區域。

10

限於品味和信念，是出於喜歡將東西收集並組合起來。很多都是世上獨一無二的物品，所以特別珍惜相遇的機會，如果在工作上能夠用上那就再好不過，會立刻買下來。在旅行時的相遇，更顯得彌足珍貴。出差或者是家族旅行時，經常會在當地購買裝飾品。」

慢慢地在這些積累下的庫存中甄選出來極富深意的傢俱、人字拼木地板、作為裝飾的浮木以及乾燥花都完美結合，醞釀出了絕妙的溫情。對尾崎先生來說，打造自家空間既是身為藝術總監工作的延伸，也是藝術創作的巔峰。

「辦公室往往給人了無生氣之感，因此在打造自己家的時候特別注意柔和的氛圍。也可能是自己的名字中有『樹』這個字，我就特別喜歡樹木。我會一個月一次地搬動傢俱，花費半天的時間給實木地板打蠟。地板表面塗上塗料也並非不可，但一旦塗上塗料，木材就無法呼吸，也無法發揮本身質感。雖然是個相當費體力的活，但會加深對家的愛戀，對於我來說是非常美好的時光。」

11

12

13

11 >「現在孩子雖然只有 2 歲，但不久可能就要開始爬了。」兒童房的牆壁做成攀岩中抱石的形式。帳篷、掛旗、地面上的星星等等，培養孩子豐富創造力的點子很多。　12 > 孩子用的桌子也是古董。牆壁是一些洞洞板的組合，用於收納一些瑣碎的小東西。配合孩子的成長為目的，預定變更為書桌。　13 > 小孩的東西也是，不要誤選時髦的物品設計。兒童房的門口掛著居住在紐西蘭的親戚小孩留下來的玩具。

14

15

16

17

14 > 絕大部分傢俱都是原創的，但其中大放異彩的走廊門是在東京‧三宿的 GLOBE ANTIQUES 購買的德國製產品。入口以歐洲尺寸的這扇門為中心。 **15 >** 開放式天花板的表面是留存了之前作為原素材使用的木絲水泥板。70 年代用來展示的金屬配件也設置在天花板上原先就空出來的洞孔中。 **16 >** 包括這把情有獨鍾的木製旋轉椅在內，所有的餐椅都是在 DEMODE 系列的商店購買。由於按照種類不同進行的佈置，令人產生和諧感。 **17 >** 在餐廳的一角放一台沒有任何違和感的桐木櫥櫃。裝飾由花瓶藝術家 TERRA 製作的水培植物，使得整體氛圍更加時尚。

18

18 > 進入玄關走廊後右側全部用於收納，左側浴室和廁所上半部分最大限度地鑲嵌上玻璃波紋管，為了能夠讓走廊射入更多的自然光線。 19 > 裱框的葛飾北齋漫畫集與孩子的塗鴉。常常有客來訪的尾崎家，其走廊佈置成精緻畫廊的感覺，讓客人們以欣賞藝術的方式受到招待。

19

MY FAVORITE

　　對於花源不斷的尾崎家來說，每一件花器都帶著深厚的情感。「我們儘量選擇一些基礎好，沉穩的花器。」因為是基於這樣一個理念，房間裡放置的花器外觀都稍顯奇特這件事也就不難理解了。圖片中的翡翠色大花盆與花瓶帶有琉璃材質的餘韻，正好是拍攝一週前剛買下的新品。雖顏色奪目，但與任何花都非常相配。

　　「因為我們家的主題色彩也是藍色，當時被這種比較少見的顏色吸引，就在位於原宿的 CPCM 買下來了。也可能因為這是住在洛杉磯的原先從事衝浪活動的作家製作的，看到這組作品會讓人聯想到大海和海沫，感覺非常棒。現在裝飾的是星辰花，即使變成乾燥花也不會褪色，較為推薦。」

刺繡作家的家

小林 MO 子

CASE 2
>>>
EMBROIDERY ARTIST
MÔKO KOBAYASHI
P.16-23

讓繁忙的日子有張有弛
被自然與藝術環繞的摩天大樓中的安寧

就算是慢走，徒步從工作室回來也只需要 10 分鐘。對於經常工作到三更半夜的小林來說，住所安排在畫室附近是必要條件。過去住的地方位於現在前往畫室的途中，是一間舊公寓，工作室兼住所。慢慢地工作規模越來越大，畫室就租用了別的地方，眺望景觀非常好且帶有一些留戀的這間舊公寓就成為住所。但突然有一天房子前面建起了高層公寓遮擋住了視線。「當時我抱怨說『明明是因為眺望的景觀好才住這裡的』。不過當時有內部觀覽會，就想著偵查一下具體是什麼情況。那時也正好是夕陽西下，真心感到被橙色染透的東京街道真是美不勝收。頓時覺得這間房子的景觀與房間內部氛圍比想像的要棒很多。『咦？這邊不更好嗎！』接著就決定搬過來了（笑）。」

現住所位於高層公寓東北方位置，東邊和北邊全部改成窗戶，房內一整日都很明亮，心情就會特別舒暢。很容易讓人感覺無生命力的新建公寓，之所以能夠舒適地居住，那是因為有鮮嫩水潤的綠植，有藝術家朋友們的作品以及富有溫情的木質裝飾。飼養的愛鳥「INKO DO」也為打造優美的環境、為房間帶來生機。

「我把工作場所和住所分開，最初是覺得空間太狹窄，後來變成透過花費幾分鐘時間上下班來轉換開關，就在心情上產生了張弛感，從結果來看非常棒。話雖如此，在自己家裡度過的時間很短，所以就想盡力打造成能夠放鬆心情的空間。比如能夠跟丈夫聊些無聊的話題笑到天翻地覆，或是叫上幾個朋友在家辦辦聚會之類。被自己喜愛的物品包圍著，能跟自己喜歡的人輕鬆愉悅地見面的環境，也是為能夠在工作上奮力拼搏不可缺少的。非工作日的景色與特別喜愛的藝術品，還有小『DO』婉轉鳴啼的聲音都很療癒。」

為了能夠過得更加輕鬆舒適，也為了讓房間更寬敞、使用上更具立體感，小林拆掉了客廳裡的隔間和壁櫥，做成開放式的空間。因為會看到睡著就把電視移到寢室。和丈夫或朋友聊天吃飯就在客廳，想單獨打發時間就在寢室。自然室內陳設也是客廳與寢室區分開，客廳裡基本擺放的是朋友和自己的作品、雜貨和小玩具等，寢室就儘量用單一色調，打造出來的氛圍非常純淨舒爽。

1

「雖然一直用著從上個房子裡搬過來的東西，但房間格局之類還是不一樣。為了能夠更貼近在現在這個房子裡的生活方式，自然而然地就成了現在這種感覺。現在基本上不會在家裡工作，但一旦家裡出現了新成員，生活方式就必須要改變。工作和生活方式變化的同時，我也特別期待我的家會發生怎樣的變化。」

1 > 餐桌是在朋友公司進行 DIY 製作時使用的桌子，拜託朋友轉讓給我。包括紅色 Chair ONE* 在內，家中大多為古董傢俱，看上去非常講究。

* 由工業設計師 Konstantin Grcic 設計的椅子，完全由金屬線條『編織』而成。

2

2 > 隨意裝飾的牆面上，有喜愛的畫家大月雄二郎和朋友的作品。左側原本是壁櫥，後來把櫥門拆掉，加上了玻璃隔板用以展示雜貨類物品。

3

4

3 > 延伸到新宿副都心高層大樓區的京王線，是小林從學生時代開始就熟悉的風景。這也裝飾著大月的作品，為無生命的景色增添光彩。　4 > 宜家的沙發使用了帶有法國古老氣息的布，讓人耳目一新。為了讓基裡姆花毯和伊朗製的靠墊套更加凸顯，蓋膝蓋的小毯子等都統一為白色系。

5

6

5 > 大型的觀葉植物選擇的是綠玉樹和羅望子。輕盈的葉子形態為具有厚重感的古董雜貨增添色彩。　6 > 區隔客廳與餐廳這兩個空間的櫃子是小林一直喜愛的物品。與窗子的高度正好吻合，所以不會遮擋視線，保有房間整體寬敞的印象。　7 > 在書籍的選擇方面，有啟發靈感書，也有日常實用書、可以恢復精神的書等。右上方的小木盒也是大月的作品，這是一件在雪茄煙盒子中懸掛的主題圖案，非常獨特的搖晃。

7

9

8

8 > 常用的雙筒望遠鏡就佇立在窗邊，在自己想專注地凝望地上疾馳的
汽車以及遠處的高樓時可以發揮作用。因為景象總是令人興奮不已，有
時甚至會沉浸其中忘記時間。　　9 > 畫作和自己的刺繡作品會用簡單的
黑色畫框。即便是品味各異的作品，為了讓它們協調一致，都一律統一
為比較現代化的形式。同時為了讓這種冷酷感變得柔和，插花是不可少
的。　　10 >「喜歡刁鑽古怪的人」的小林夫婦，朋友中會有一些老朋友，
也有路上打招呼慢慢結成朋友的，小林夫婦會把從這些形形色色的朋友
那得到的藝術作品按照其雅致的品味來裝飾房間。

10

 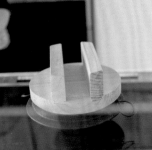

12

11

11 > 因為生活的主空間物品繁多比較熱鬧，因此寢室裡就不放東西，只留幾張藝術作品，製造出一種安靜祥和的氛圍。
12 > 小林驚訝釜鍋做出的美味，因此煮飯都用釜鍋。雖然每天在家做飯不太現實，但只要吃就想認真的吃得更美味一些。 13 > 與廚房完全匹配的櫥架是搬過來之後夫婦兩人僅用 2 個小時就完成的。庫存的食物和餐具擺放精美，既有生活感又有品味。 14 > 出門在外時購買一個精挑細選的筷架是小林的一大樂趣。每到聚餐吃飯，在眾多散亂的筷架中挑選是丈夫的工作。

13

14

MY FAVORITE

　　小林家會時不時地找來朋友一起在家聚會吃飯。與推心置腹的朋友們一起度過的時光中，酒過三巡往往會出現怪異的舉動，但在這種場景下也能毫無顧忌地使用的是，法國古典式的餐具。橢圓形盤子來自在熊本朋友經營的古董店，酒杯來自於巴黎的跳蚤市場，八角盤來自千葉的古董店……購買的地方雖各不相同，但不論哪個都觸及到了小林的「天線」。

　　「雖然叫做古董，但都是各個地方的工廠裡批量生產的。製作的非常結實，設計簡單，跟任何料理都能相配。酒杯的玻璃中都有氣泡，八角盤根據工廠的不同，邊緣的模樣都有差異。多多少少都會有走形，沒有一個完全一樣的。但就是這些小小的差異讓我覺得特別可愛。」

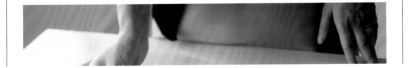

創作者們的傢俱

長年愛用的物品，能夠回憶起奇妙經歷的物品……
風格主題雖然各式各樣，但都極具功能性和視覺衝擊，
全都是為創作者的生活豐盈個性、添加色彩的物品。

1 > 德國產的舊櫥櫃被剝掉外層，如同全新木材一樣的色彩與厚重的設計構成的平衡感是要強調的重點。用小窗來展示是植原（P118）一個小小的樂趣。　2 > 客人較多的河村（P88）家椅子該放哪裡的問題圓滿解決，這些是曾經在教會使用過的凳子。疊在一起可以使其變得更加緊湊，平日裡都放在寢室的一角。　3 > 利用鋪地板時剩餘的材料，自己動手製作了陽臺的桌子和椅子。桌面搭在陽臺欄杆上的設計出自植原。　4 > 帶有木紋紋理的背面與皮面彰顯高級感的「Giroflex」。當時不論在外觀上還是坐起來的舒適感上，水野（P96）都對其一見鍾情，車庫、辦公室中都有使用。　5 > 赤津（P68）工作時使用的書桌椅和軟凳都是「伊姆斯（Eames）」。當時在外文書上看到一下被吸引住，親自去展示廳確認坐起來的感受，是他非常中意的的商品。

6 > 不銹鋼面板外加多層抽屜，使用起來得心應手的復古式小櫥櫃。尾崎（P6）用來收納蒐集起來的標本等物品，內部也做得極其精緻。
7 > 植原在太平洋傢俱服務（PACIFIC FURNITURE SERVICE）找到的復古桌與軟墊折疊椅。外形小巧玲瓏，有一種不可言喻的沉著與舒適感。　　8 > 這些是在東京目黑的傢俱店裡發現的椅子。故意按照不同樣式進行的挑選。源於小林（P16）的玩心出現的差異，讓房

間表現的更加溫馨舒適。　　9 > 小森（P146）為了未來理想的家，在很久之前就買下來了漢斯‧瓦格納（Hans Wegner）的 GE290。日本風的整體印象與藤製地面配合得天衣無縫。　　10 > 桌子來回晃動，毫無安定感且實用性很低，但這是河村（P88）的丈夫在最常去的傢俱店裡花費半年才找到的 50 年代的物品。

刺繡家的家
FUJI TATE P

CASE 3
>>>
EMBROIDERY ARTIST
FUJI TATE P
P.26-37

2

3

隨機應變的緊湊生活
不完整的空間導致創造

　　進入房間後，首先讓人覺得驚訝的是這裡與「住家」一詞的意象懸殊太大。平日裡在家都不脫鞋的 FUJITA，他的這間工作室兼住家裡毫無生活感。最開始這裡只是工作室，又在附近租了一間房子用於居住。但是 FUJITA 海外出差比較多，沒有必要弄兩間房子，而且當有靈感來的時候也沒法立即動手製作，因為考慮到這些情況，所以最終還是決定住家和工作室併在一起比較好。也因為這樣的決定，日程管理變得輕鬆很多。「雖然最終變成在工作室生活，但我本來在生活方面所持有的物品就很少，所以這間

房子也沒有發生很大變化。與之相反，工作上的物品就特別多。之前在室內裝飾店裡工作過，所以特別在意物品的陳列和整理。讓狹窄的房間用起來寬敞的訣竅就是給物品製作它們的歸屬地。這樣一來就不會拿出來就扔在某個地方不管，而是把它們收拾起來，也能節省尋找時間。」

放物品的架子和隔板，基本都是自己親手製作的。大部分都是使用身邊的、或是特別合適的材料，用從喜歡的MonotaRO 網站上購買的工具製作出理想傢俱。如此一來整間房子就像都是 FUJITA 的作品。別說是牆紙，就連牆壁、壁櫥，甚至浴缸等全部被拆掉，過著以沙發代床睡覺的生活。以大膽的減法作為絕招的禁欲主義者 FUJITA 就生活在這樣毫無生機的房間中，室內陳設則輝映著生機勃勃之感。

「過去一直使用的傢俱色彩就比較濃重，因此放在普通白牆的房間裡就會過於時尚，也可以說是有點孩子氣。因此基底使用庸俗一些的感覺就能使氛圍平衡。我的人生除了睡覺便是工作，因此沒有必要刻意切換開關。除了首飾，像包包、廚房工具等自己想使用的東西都是製作而來，因此能夠構思和實踐的地方既是工作室又是住所。平日生活中強迫自己過得不方便，因為這種不方便正好能夠刺激作品靈感。能夠創造生活的這種樣式於我來說沒有任何不相容的感覺。」

4

2 > 自己作品、試作品以及在旅途中入手的物品等都用 S 型鉤吊掛起來，為稍顯平淡的空間增加一些華麗色彩。　3 > 工作時使用的串珠、零件等種類繁多太過於瑣碎，就從網路上或是市場上購買的試管來分類管理。容易辨別也是一大重點。　4 > 書籍是 FUJITA 的寶貴財產。大體來看以能夠啟發靈感的外文書居多。最喜歡的就是阿姆斯特丹的時尚雜誌《DAST MAGAZINE》。

5

5 > 無任何壓迫感的圓錐形桌面是由 FUJITA 設計，並在 IDEE 特別訂購的。帶有小輪子的板子上裝上貨物，能夠放在桌子底下不會浪費空間。　6 > FUJITA 的作品之一，這是用串珠編起來的立體手鐲。坐在窗邊，周圍煙霧繚繞著的環境就會讓工作進展飛快。

7 > 擺在水泥地上的石膏像，讓人嚇一跳。有 FUJITA 為了展示用而製作的自己的手，也有兵庫縣的作家 BIRBIRA 製作的腳和牛這樣的主題石膏像。

7

6

8 > 剝掉地毯和壁紙所留下的膠印被 FUJITA 充分利用，在牆壁和地面塗上
了聚氨酯。橫桿是在天花板上有小洞的地方，用在 MonotaRO 找到的正好
相配的零件安裝上的。

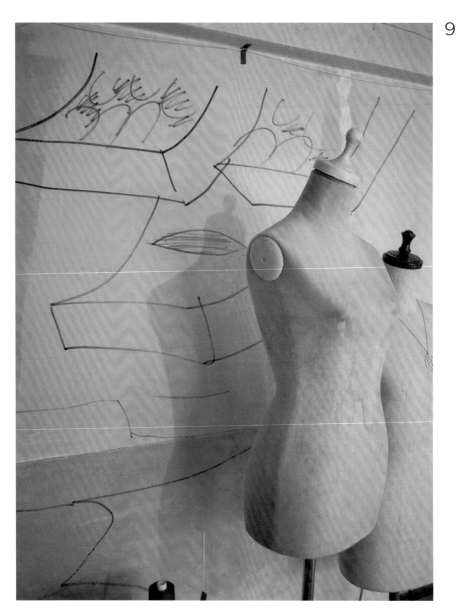

9 > 在牆上的大膽塗鴉是來自美術家兼漫畫家的橫山裕一。是橫山在樓下畫廊舉辦個展的時候請他畫的,是一件極具深意的藝術品。　10 > 對於FUJITA 的作品來說色彩搭配事關重大。雖然有時候會用電腦來摸索,但靈感突現的時候筆記還是必不可少的。　11 > 陽臺上存放著製作的作品或展示用的稍大一些的道具。隨意擺放的生動器皿為這裡增添了幾分色彩。

11

10

12 > FUJITA 對 BOSE 牌的錄音機也充滿了特殊的情感。能聽錄音帶又是相當罕見的金色，這件貌似難得的收錄音機，其實是他在網上拍賣時發現的，當時僅以 2000 日圓的低價就買下了它。　13 > 在富有個性的房間裡仍能大放異彩的墨鏡。這是有現代美術家 MAIKO TEKEDA 設計的。想打扮得比較特立獨行的時候使用。　14 > 最近當作床來使用的 IDEE 家的沙發，已經深深喜愛了八年之久。連同在墨西哥的一家古董店裡購買的畫作，使得整間房子的基礎色呈黃色調。

15

15 > 廚房非常簡單，因此為了使用起來方便而特殊訂製。不浪費食材，用盡所
需分量是其宗旨。做飯也是手工製作的延伸。

16

17

19

18

16 > 煮米飯使用的是寮國的飯鍋。出門旅行的時候購買了很多工具，有時候甚至背包裡都裝不下只能抱著回國，但很多又是自己創作靈感的來源。　17 > 餐具主要以自己喜歡的藝術家的作品以及在海外購買的物品為主。因為收納在瑞士軍隊曾經使用過的可移動架子和自己 DIY 的架子上，至於如何應對地震還在研究中。　18 > 基本每天都是自己做飯，所以調味料和香辛料非常豐富。叫上朋友一起在家吃飯喝酒，促膝而談也是人生一大樂趣。　19 > 能與帶有工業氣質的廚房相配的，還是工業用小型爐灶。喜歡狹窄空間的 FUJITA 還曾經在這裡用電腦工作過。

20 > 大膽的藍色百葉窗，並沒有使房間看上去灰暗，而是帶來一種清新感。體型較大的傢俱即使顏色鮮亮，也不會與之發生衝突，維持著絕佳的平衡。　21 > 在玄關門的玻璃上貼著「FUJI TATE P」的標籤。毫無造作感的的時尚搭配，同時也發揮了姓名門牌的作用。　22 > 唯一塗了顏色的牆壁最終還是選擇了冷靜的深灰。他把朋友和喜愛的作家的作品利用拼貼的方式展示。裡面還有自己的肖像畫、養過的愛貓愛麗絲的照片。

21

22

MY FAVORITE

　　對於住在市中心附近這種便利的地方的 FUJITA 來說，交通工具基本就是滑板。以前主要是騎自行車，但附近上下坡比較多，於是就更換成了更加輕便的滑板。他本身平時就是不太帶東西出門，這樣一來兩手都能解放，現在幾乎去所有的地方都用滑板。

　　「首先，像去新宿、代代木、澀谷附近，一下就能到感覺非常好。最近就算是走路 30 秒能到的公共浴池我也會用滑板，完全的滑板生活……話說回來，大家可能會有很強烈的美國街頭文化的感覺，但這是日本國產的滑板，是在奈良『OKA SKATEBOARDS』製作的工藝品。自然的原木紋理外觀給人帶來成熟感，我非常喜歡。」

創意製作人的家

佐佐木芳幸

CASE 4
>>>
CREATIVE PRODUCER
YOSHIYUKI SASAKI
P.38-43

1

2

3

1 > 內部裝修能夠充分發揮中間粗壯橫樑作用，這是喜歡的關鍵點。毫無壓迫感的白色基調的空間中，地板讓人倍感溫馨。
2 > 傢俱都是原本勇野口、伊姆斯商品的翻新。在外觀設計、實用性、成本等方面全都十分完美。全部統一為白色的理由是
自己感覺「這個房間只能配白色」。　　3 > 因為窗戶一直延伸到天花板，所以從閣樓也能看到外面景色。北參道附近的公寓
群前方能看到代代木公園，所以即便是位於市中心也沒有任何閉塞感。

4

5

並不需要把工作和私人空間轉換
現代遊牧上班族對室內裝飾的選擇

　　要在行動範圍內而且房間格局有新意。這是佐佐木在找房子時的關鍵點。從位於「裏原宿＊」的辦公室能徒步走到的這間房子，有高高的天花板和從大大的窗戶透進來的滿滿的陽光，是擁有開放樓梯井的別墅型公寓。建築物本身場地不規則，於是利用尖角部分做成了三角形的陽臺和梯形的 LDK（起居室、餐廳和廚房），佐佐木就是被這種略顯怪異的房間格局吸引，一年半之前搬進來居住的。「以前住在非常普通的一房一廳的房子裡，靠裡面屋子裡放著傢俱，所以只在裡面生活，就特別想充分發揮空間的價值。在這一點上，這間房子的上半層是睡覺、看電影的空間，而下半層是工作或是叫朋友一起喝酒的空間，生活空間就能區分開來。因為交通比較方便，有時候會議也會讓他們過來在這裡開。只不過這裡位於市區正中間，住了一段時間早上起來的時候，會發出『咦？這是哪裡？』的疑問，當時還沒有習慣。（笑）」

　　建築本身位置就很好，再加上內部裝修帶有典型的創意製作人都市生活氣息，是一個以白色為基底的時尚空間。安裝在牆上的置物架上沒有放任何藝術品，稍顯冷淡，可能是考慮到這裡也會使用在工作場景上，因此儘量不凸顯生活感的吧。

　　「我雖然對房間格局有興趣，但對室內陳設沒有太大的執著。我的生活基本就是工作、喝酒、睡眠。現在這個階段持有的東西只要能滿足這些需求就可以了。在決定公司裡的裝飾的時候也是儘量與在家裡選擇的物品不要有隔閡，甚至選擇一樣的物品，使之協調一致。我在辦公室裡都沒有辦公桌，像遊牧一樣來回轉動地工作，另外還租了兩間房子作為書房，所有室內陳設的品味都是一樣的。正因為對物品沒有執著，所以持有物很少打掃起來也很方便。雖然自己還不是一個『極簡主義者』，但很多方面都能產生共鳴。雖然有些極端，但我最理想的就是『明天用一個背包就能搬家』這種狀態。」

4 > 陽臺上放著從 ACTUS 上買的桌子。用來看書或是和朋友喝酒等，有時候工作間隙會在這裡作稍作休息。　5 > 三角形的房間格局中最長的一邊窗戶正好面街，會讓人感覺比擁有的實際面積更加寬敞。之所以能夠過著把房間格局的趣味性發揮到極致的生活方式，正是因為持有的物品非常精簡。

* 裏原宿指的是東京澀谷區神宮前到千馱穀之間時尚服裝店集中的一帶，特別是原宿路和澀谷川步行街附近。

6

6 > 寬敞的閣樓，只放了一張大尺寸的床和電視。睡覺之前一邊喝著酒，一邊在網飛（Netflix）上看電影，這是他非常喜歡的消磨時間的方式。　7 > 佐佐木是學生時代從演歌到爵士，沒有固定風格的低音貝斯手。當時建立起來的人脈關係，現在也在工作上發揮一定作用。　8 > 後期打造的書架是為數不多的展示空間。能夠使用一整面牆這種充裕的感覺很令人開心。書的作者包括村上龍、司馬遼太郎、浦澤直樹等，當工作沒有靈感的時候就拿出來看。

8

7

MY FAVORITE

　　裝飾在通往閣樓的樓梯旁的書架周圍的三張黑白藝術照，釋放著強烈的存在感。這是時尚設計師兼現代藝術家里奇．卡索的作品。可以說是理性主義的佐佐木的單身公寓中，唯一一件裝飾品。

　　「這是朋友在做相關代理商所以才入手的，又是屬於『TOKYO STUDIES』系列，色情藝術攝影師里奇來日本的時候，用黑白水墨表現了在東京遇見的日本女孩。里奇熟練運用了黑白濃淡變化，對女孩子姿態進行大膽構圖，作品雖然表現情愛但生動寫實，成為無生命力房間的一處精華。」

DJ · 撰稿人的家

COMOESTA 八重 樫

CASE 5
>>>
DJ & WRITER
COMOESTA YAEGASHI
P.44-55

2

2 > 與愛貓一起，在走廊悠然度過的片刻寧靜時光。原本是避暑用的別墅，所以通風性極佳，夏天即使不用空調都很舒適。

3 > 原先屋主留下的很多物品，諸如桌子之類都跟現在房子的氛圍很契合，所以能用的都再次利用起來。摺疊椅是在網上購買的，用來搭配桌子。　4 > 放在走廊上的山葉雙層電子琴也是搬進來之前就有的物品。當然現在仍在使用，如果有會彈奏的朋友來家裡，就會讓他彈奏一段。　5 > 玄關處鑲有木框的紗網，在通風和防蟲方面都很必要。沖蝕過的水泥面韻味無窮。房子是豪華型格局，進玄關門後緊接著是一間曾經提供女傭居住的小屋子。　6 > 這也是原先房主留下來的紀念品。雖是日式雜貨，但勾繪出的曲線簡潔大方，設計隱約透出北歐氣質。再放上古色古香的扇子，製造出了現代日式的感覺。

4

5

6

7

7 > 和洋折衷*的一款模仿創持勇*作品的藤椅。搬過來不久在東京·目黑區的一家傢俱店裡發現，就當場買下來了。放在長長的走廊裡，以日光房的感覺在這裡休息。　8 > 西式房間為髮妝師的夫人改造成了私人美髮沙龍。雖然現在只是當地的朋友過來剪剪頭髮，但將來打算開成美髮會館。　9 > 讓人印象深刻的黑貓插畫是 ARAKI 的寫真集直接裱裝起來的。原本家裡就養著 5 隻貓，ARAKI 是第 6 隻。

8

9

一改需要隨機應變的生活
雖往返於鄉下和都市之間卻輕鬆度過每一天

　　一方面是令人眼花撩亂又方便快捷的都市生活，另一方面是時間緩緩流逝、自然資源富足的鄉下生活。八重樫同時過著這兩種生活，在東京和千葉的兩間房子氛圍截然不同。早在十年前，在東京土生土長的八重樫突然有一天覺得馬上要厭倦東京生活，於是夫妻二人開始尋找「鄉下」的家。在福岡和鎌倉等地幾經找尋，最終在千葉縣外房地區找到了這棟已有 90 年歷史的舊民宿。是一棟建於戰前的 6LDK 的平房，擁有 300 坪的庭院，有採光很好的走廊。

八重樫只選擇跟這間高雅考究的房子相配的傢俱和雜貨，現在在這裡正充分享受著充滿了情趣的生活。

　　「除週末以外其他時間主要在千葉這邊。這裡的生活週期正好跟都市相反。因為是從事 DJ 這種工作，無論如何都會熬夜，但在這邊自然而然地就會早睡早起。甚至有人問我是不是已經退休了。我只是想專心進行音樂創作而已。製作的音樂都是舒緩的。只要網路在任何地方都能傳輸檔案和交流。話雖如此，搬過來之後有很長一段時間都沒有上網（笑）。」

　　工作用的房間是由一間 8 席大的小倉庫改造的。有的物品是從經營唱片的朋友那轉讓的，還安裝了在經營室內

11

10 > 會客室使用的桌子，這是在附近某家珍貴木材店訂購，挑選自己喜歡的珍貴木材製作的。是按照與日式氛圍相配的北歐風格製作的，因此使用起來也非常舒適。　11 > 格子窗雖不到千本格子*的程度，但也讓午後強烈的日曬變得柔和。鞋子的收納櫃上裝飾著盆景，韻味悠長。　12 > 走廊的一角放置著塞滿文庫本的書架。這些書籍用來打發在電車上的時間。據說因為喜歡藤澤周平和池波正太郎的歷史劇，已經讀過很多遍。

裝飾店的時候製作的架子，展示 50 ～ 70 年代的國內外雜貨和本世紀中葉的傢俱之類。正房被改造得與之前截然不同，現在的空間是把住處和親手打理的店鋪濃縮在一起的感覺。

　「這裡是搜尋 DJ 靈感的唱片房。非常佔用空間的唱片我大概處理掉了 1/3，最近只剩單曲。小倉庫的地面我是請木工師傅貼的地板，其他像地毯、空調都是我自己弄的。因為小倉庫已經改造完了，所以下一個需要改善的點大概是縮短空調吹滿全屋花費的時間吧！自從住進來以後，手工 DIY 越來越多。如果是住在稍微不太方便的環境中的話，就要在生活方式上動腦筋了。」

12

* 和洋折衷：將日式和西式結合起來。
* 劍持勇：1912 年 -1971 年，日本乃至全世界著名室內設計師。
* 千本格子：多而細的木條做成的柵欄式門窗。

14

15

16

13 > 工作間的入口處立著一面在古董店裡購買的隔板，一是遮擋視線，二來能夠規劃活動路線。蜂巢隔板與復古未來主義的室內陳設相匹配。　14 > 所到之處滿溢著昭和 40 年代的品味。小巧可愛的映像管電視、太陽之塔 * 的「臉」都不會與唱片套合不來。CD 使用透明收納箱收納，能夠一目了然。　15 > 除了唱片轉盤以外，整個工作間都塞滿了唱片。左側的全景立體畫是以前經營的室內裝飾店的招牌。這間房子裡有很多是當時留下的物品。　16 > 相框裡是女演員加賀 MARIKO 於 1960 年代時的肖像畫。在從事電影音樂相關職業的時候得到的非常珍貴的絕版照片。　17 > 唱片店的朋友關店時轉讓的架子上塞滿了各式各樣的單曲 CD。這已經是處理完之後剩下的，據說這十年間透過「斷捨離」已經處理了一半以上。

* 太陽之塔：1970 年日本大阪舉辦世界博覽會時的由岡本太郎建造的代表性藝術品。

17

18

18 > 大門前通道的青石板、裝洗手水的缽、栽種的綠植等，所有的都映襯著舊民宿的入口。入口的一側一旁有井，水都是從那打上來的，夏天清冽冬日溫暖。　19 > 與高層公寓不同的一點是，日式房子的話任何綠植都能配得上，這一點真不錯——八重樫如是說。沿著牆根種植的綠樹四季成蔭，也是這個房子的一大魅力。　20 > 這張玻璃桌面桌子也是在附近的珍貴木材店購買的。為了配合這種嚴謹又不失自然的格調，選擇這把簡潔明快的藤條製折疊椅。有時候會成為愛貓睡覺的地方。

19

20

21 > 都市內的那個家一周會住幾天，但也只不過是創作DJ之後，到了深夜或
凌晨回家稍作休息的程度，因此一切從簡。位於市中心的老式單間公寓中只放
了沙發床和幾件傢俱。旁邊有很大的總站，有很多評價極佳的餐飲店可隨意選
擇。到都市裡的時候，就會盡情地享受都市生活。

22 > 這裡的傢俱全是長年一直使用著的。鬱金香單椅（Saarinen Chair）的坐墊之前被貓抓壞，加了一層鹿皮就成為了獨一無二的椅子。　23 > 蕾絲窗簾是像眼睛一樣的花紋，也是無可挑剔。過去經營室內陳設店的時候，曾把高圓寺的舊衣店裡滯銷產品全部買斷，現在這些布料都充分發揮了它們的價值。　24 > 這張沙發床是八重樫唯一為這個房子專程買的傢俱，當時被它朝氣蓬勃的顏色和使用起來的舒適感吸引，是在一家位於千葉房子附近的傢俱店裡發現的法式床。　25 > 用來收納亞麻布的是帶收納功能的床板。成為亮點的陳設用器皿也是經營店鋪時期留下來的物品。

MY FAVORITE

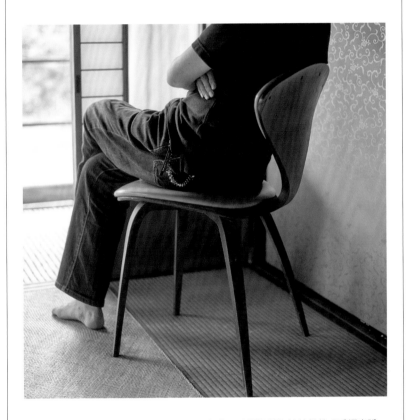

    對於曾經經營過室內裝飾店、接觸過無數可以稱作傑作的傢俱的八重樫來說，能夠經得起他的審美考驗的，就是保羅·高曼於 1957 年設計的「徹納椅 (Cherner Chair)」。這是一把蒙皮木椅，形如銀杏葉的靠背以及塑造出來椅子腳輪廓都充滿了美感。

    「我住中目黑附近時，大概有二十幾年了吧！這是從朋友那裡得到的椅子。當時皮革椅特別稀少。單純用木頭做的倒是見過不少，像這樣蒙一層皮革的之前從未見過。木製的現代風格設計與日式房間非常搭調，所以我把它放在起居室的一角，結果我家的貓就經常上來坐。椅面已經被貓抓的破破爛爛，但反過來很有味道，我很喜歡。」

創作者們想要的物品①

如果有這一樣東西的話，現在的生活能夠更多彩。
無論是現實中存在的物品還是全新創作，
讓我們來看一下創作者們是如何把自己理想的物品完成的。

藝術總監
尾崎大樹

能夠展示自己喜愛的器皿的
玻璃罩隔板櫥

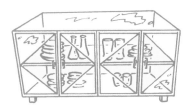

使用復古的木框製作而成，除了背板、中板和底板之外其他全是玻璃。櫥門如果能做搭配上「裝飾美術＊」風格則更佳。因為想要放在兒童房入口一旁有窗子的牆壁處，所以安裝的櫥腳較矮一些。

刺繡作家
小林 MO 子

既能陳列展示，
又有各種形狀收納空間的櫥櫃

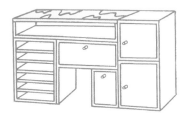

面板的一部分蓋上玻璃，能夠裝飾上自己喜歡的藝術品或雜貨。橫寬尺寸與餐廳一致。櫥櫃各色不同的格子以拼接形式連在一起，有強烈存在感的獨特設計。

刺繡家
FUJI TATE P

像膠囊旅館一樣在小小空間裡只有被褥，
做成秘密基地的感覺

框架使用鐵質材料，內側則使用木材和不銹鋼板，也為了能有更好的隔音效果。避免有生活的氣息，外表要做的平庸一些。因為安裝床腳，所以下面的空間也可以有效利用。

創意製作人
佐佐木芳幸

用防水材料製作，
露天樣式且帶加熱器的大型桌子

桌板的內側裝有像暖爐一樣的取暖設施，所以即使是冬天也能夠在涼臺上開聚會或是去戶外露營時使用。再加上用防水素材加固，所以一直放在外面都完全 OK。

DJ・撰稿人
COMOESTA 八重 樫

不論是影像還是聲音，
能夠把過去所有資料數位化輸入電腦的機器

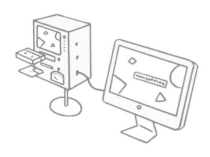

過去的資料不論是 VHS 還是 FD、MO、MD 等等，都能用一台機器下載在電腦上。特別是處理起 VHS* 格式就會變輕鬆些，直接連接電腦上就能播放。外觀要使用和我的工作室相配的奇特設計。

插畫師
峰岸 達

上世紀 50 年代的飛雅特、雪鐵龍、莫里斯、
MINI Cooper 等的車

之前一直沒有駕照所以對車也不太有興趣，後來拿到駕照後就想要一輛車。不用特別鋪張的車，最好是以前那種輪廓圓胖豐滿、轉彎半徑小，給人以小巧可愛感覺的車。

插畫師
赤津 MIWAKO

能夠收納自己作品、
簡潔美觀且裝有可以移動的小輪抽屜櫃

大概有十層左右的抽屜來存放作品和繪畫器材。為了能夠按照自己的喜好擺放，裡面一定平整。材質可能選黑胡桃木或者灰色的不銹鋼，櫥子背面也要精心處理。

植物造型師
川本 諭

有很多很多可以放入小型綠植的抽屜還能夠
自動澆水的櫃子

整體使用老木材給人以自然感，但櫃腳用鐵質。由像手工店裡放扣子用的或是藥店裡放中藥的，縱深 30 公分左右的小抽屜構成。放植物銘牌的金屬框是亮點。

---

* 裝飾美術：上世紀初到 30 年代以法國為中心流行的美術工藝樣式，以單純、直線型的設計為主要特徵。
*VSH：家用錄影系統

插畫師的家

峰岸 達

CASE 6
>>>
ILLUSTRATOR
TORU MINEGISHI
P.58-67

1 > 從工作桌往窗外眺望，勤奮工作之時也可以藉由窗外，感受四季變更感。偶爾也會作為開會場地使用。長形桌是之前屋主作為廚房使用的。

昭和前期的結果。峰岸幾乎一整天都在畫室裡度過，這間畫室裡全被韻味十足的昭和前期～中期的傢俱占滿。沿著房間的形狀一圈做上書架，全部塞滿了自己的作品和資料，這種氛圍彷彿是昭和文豪的書齋一樣，但也絕不會有老舊又沉悶的感覺，而是一種安定、意味深長的空間。

「與我的畫作一樣，這間房子主要以昭和前期日本的西洋風為主題。這裡既不是厚重的日本式豪宅，也不是華麗的古典洋房，可以說是日式和西式的結合，我非常喜歡這種感覺。傢俱多是在復古店或是二手店裡找到的舊傢俱，就算是新品，也是配合這間房子選的懷舊款。」

峰岸在這附近居住有 30 年了，當時買下沿神田川邊建起的二手住宅，現在這間房子是當時裝修那間房子時的臨時居所，但漸漸地出現了一些變故，就下定決心重建現在這個房子，這已經是十五六年前的事情了。

「當時想著既然土地形狀不規整，那不管怎樣房子也做成新奇的感覺就再好不過了。在重建這個房子的時候，發揮很大參考價值的是在神田的舊書店找到的《朝日住宅寫真集》這本書，也就是昭和初期住宅開發的一本目錄。我最喜歡那個時期的文化住宅，跟設計師聊起自己想要這種感覺的房子的時候，這位設計師是位非常標新立異的人，為我推薦了這個有十六角形房間的格局設計。傢俱就很難擺放，辦公桌必須呈 L 字型設計，各方面都需要動腦鑽研，但正因為這樣才比較有意思。我最看重的是窗戶，如果使用鋁製窗框的話看上去不是很結實，就統一使用美國的瑪律文窗（Marvin Windows），與此相配，窗框都塗成了冰灰色。」

二樓的起居室裡的陳設都給人高貴清爽的感覺。不僅僅是家人歡聚在一起的空間，也是自己觀看錄影帶或 DVD 用來放鬆的場所。

「在設計的時候，起居室比畫室更具有女性風味。我覺得在室內裝飾的時候男性居住的房子稍加一些女性氣質，反之女性居住的房子稍稍加一些男性氣質最好。觀葉植物我比較喜歡極具存在感、富有活力的大型植物，但有時候會在路邊摘一些可愛的野花野草插到花瓶裡作為裝飾點綴。對了，這裡緊靠著神田川的櫻花林蔭，每年都很期待那個時節的到來。」

活用充滿昭和懷舊風的文化住宅
新舊混搭的室內設計

這間現代化的白色獨棟最大的特色，是看上去近似圓形的十六角形房間。一層是峰岸的畫室和日式房間，二層是起居室和寢室，另外還有閣樓和屋頂。棕褐色的地板與白色的牆壁這種通體古典造型，都是充分反映充滿品味的

2

3

4

5

2 > 進入玄關後左側是畫室，右側是廚衛和日式房，以及往上的樓梯。玄關正對的牆上安裝的是固定窗，可以讓走廊充分照射到自然光，更加明亮。　3 > 書桌後的書架全部是購於古傢俱店。用來裝飾工作室的無論如何都是選擇描繪人物的溫馨作品。　4 > 峰岸往往在左側放的是自己編輯的書籍和雜誌，右側則放一些參考資料和感興趣的舊書。不論是自己親手製作的期刊還是過刊，他都是喜歡登載著該時期最流行資訊的雜誌。　5 > 這裡陳列著非常珍貴的舊書，其中有一些是描繪戰前日本文化的書籍。也保存著峰岸在日本各處拍攝的以現代化建築為中心的珍貴照片。　6 > 辦公桌和椅子都是在經常光顧的位於下北澤的「Limone Antique」店裡購買，屬於大正末期～昭和初期的物品。陳設品的溫情也滲透進插畫當中。

6

7

8

10

9

7 > 寬敞的二樓走廊一角。與一樓相同位置的地方設置了固定窗，打造成一個明亮空間。門框與窗框同樣選擇冰灰色統一，給人清爽感。　8 > 在和式房間裡也放置一盞西洋風的檯燈，做成和洋折衷的感覺。最近經常在這裡鋪上被褥，聽著古典音樂睡覺。　9 > 盥洗台的角切成圓弧狀原本是為了確保更大的活動範圍，結果打造出了一種柔和氛圍。法國製造的水龍頭是之前的房子裡用過的。　10 > 夫人在櫃門的毛玻璃內側掛上了淺藍色蕾絲質料的遮布。韻味深長的木框與黃銅的把手相互映襯，更增添一層懷舊氛圍。

11 > 黃銅質地的照明開關蓋板也是由在選擇方面極具用心的峰岸挑選出來的。
在峰岸家裡，藝術品與綠植的放置都毫無做作感。

12

12 > 起居室的沙發是從 B-COMPANY 買下來的。小巧玲瓏的造型讓起居室更顯寬敞。據說之前被貓抓得破爛不堪，所以重新套上了墨綠色絨布。　13 > 喜歡大型觀賞植物。敦實的厚重感與室內陳設氛圍相契合。掛鐘雖外觀單調，但隱約透漏古典美。　14 > 窗簾是蕾絲與絲絨的雙層搭配，這種別緻的組合非常適合峰岸家，演繹出懷舊又現代的一個空間。

14

13

15 > 這間起居室除了家人以外，經常會有朋友或插畫才藝班的學生等聚集過來，所以裝飾的插畫都是以無生命感的物體為主題圖案或是描繪風景的畫作。　16 > 從樓梯上下來時的目光所至便是峰岸的插畫。插畫下方的椅子上有時會放上綠植作為點綴。　17 > 做成磚牆樣式的廚房牆壁與白色的家形成鮮明對比，另外為了讓弄髒的地方不那麼明顯，這也是非常正確的選擇。檯面上擺放著鐵琺瑯和馬口鐵材質的工具以及舊的瓶瓶罐罐作為裝飾。

18

19

18 > 三樓只有兒子的房間和通往樓頂的出口。
上了樓頂之後，因為是位於河邊的住宅街，周
圍沒有高層建築，天空一覽無遺。　19 > 與
注重懷舊感的內部裝修截然不同，玄關前的通
道給人以小巧玲瓏的感覺。與起居室裡深綠色
的沙發遙相呼應的大門讓人印象深刻。　20 >
房子緊鄰著一棵櫻花樹。到了春天從屋頂上看
彷彿是粉色的絨毯。最近主要用於曬衣物，到
了夏天有時會跟四、五十個插畫班的學員一起
在樹下乘涼。

20

MY FAVORITE

　以繪畫為畢生事業的峰岸對文具的鍾愛要高於常人一倍。當然，平日裡在工作上使用的必須是長年使用且順手的工具，但因為懷舊這種情趣而購買的書寫用具又有些不同。例如昭和 30 年代左右的鋼筆和現在已經不再生產的克林鉛筆特別受到他的珍視。

　「我不是蒐藏家，因此不會專門買一些用不到的舊東西，但遇見的、拿到手上的物品有時候會感覺特別有緣分。不論是鉛筆還是鋼筆，在位於高田馬場的一家舊書店兼文具店裡發現，店裡有很多昭和時期的文具，我就全部買下來了。鋼筆是捏著內芯來填充墨水的這種，雖然比較費事，但正是因為那樣所以才會湧出喜愛之感。」

插畫家的家

赤津 MIWAKO

2

5

6

5 > 從南向窗子往外看能看到代代木的森林，這是赤津非常喜歡的風景。桌子是訂做的，桌腳上自己親手組裝在 THE CONRAN SHOP 購買的桌面。　6 > 由室內裝飾設計顧問津田晴美製作的書架上，主要收藏書冊、寫真集以及激發大腦活力的書籍等。書架門上覆蓋一層布，以保持書籍的良好狀況。

3

4

2 > 創作作品時必不可少的墊子。在赤津全部精美的物品當中，被長期使用的這種深厚味道綻放著別緻的光彩。　3 > 平日裡起居室大概三分之一的空間都用隔板區隔開，作為畫室使用。只有一面桌板的辦公桌下的桌腳，是按照南部鐵*的意境訂做的。　4 > 與隔板同樣發揮隔板作用的櫥櫃上，陳列著赤津稱作「Marcel Duchamp」的藝術化掛架以及造型材料等。

8

7 > 在起居室的南側一株小巧可愛的圓葉茶蘭被放在綠植架上，用以抬高高度。從寬幅的百葉窗中透過來的柔和日光使得窗邊非常舒服。　8 > 窗邊掛著從英國畫廊裡購買的德國攝影師 CHRISTINE ERHATD 的作品。如同建築立體畫的風格是一大亮點。

7

* 南部鐵：也叫南部鐵器，是由日本岩手縣南部鐵器聯合會的加盟專業人士製作的鐵器。1975 年 2 月被通商產業大臣（現經濟產業大臣）指定為傳統工藝品。

9

9 > 廚房的一角只放平日裡真正常用的物品。不僅封裝的小瓶子外觀統一，就連裡面裝的量幾乎都是相同的，我們從這種一絲不苟中體會到美感。　10 > 經常使用的擦手布也以藝術的形式展現。S 形掛鉤等距排放，且側影輪廓一致。稍稍用心就可以看起來如此美麗，讓人覺得不可思議。　11 > 廚房用具的材料全部統一使用不鏽鋼材質。話雖如此，乾淨是第一的，赤津更加重視打掃起來是否方便，因此廚房裡幾乎不放置任何物品。

11

10

按照長年培養出來的審美觀
選擇高品質的室內裝飾過著極簡主義生活

「二十年前私下裡來看這間房子的時候，真的是慘不忍睹。好像是住的人沒有好好對待。雖然是租的，我還是進行了裝修，地板、五金這些細節都自己決定。為了更接近自己的喜好，有時候小五金甚至會自己親自打磨。房子裡放的傢俱和雜貨，都是經過我精挑細選的，因此會帶著珍愛之意去生活。」

赤津的自住房兼畫室是古風公寓的一間房，彌漫著嚴肅、沉寂氛圍的一個空間。搬進來之前房子「古舊」到了一下難以置信的程度。所有的傢俱和雜貨極其自然地相互

12

13

12 > 乍一看是懷舊版的洗衣機，結果是
配置的美國製烘乾機。大概是 45 年前的
機器，零件極其有限。萬一出現故障就
要回收，因此赤津在使用的時候特別小
心。　13 > 架子上放了三口鍋具和一些
陶器。就算是有擺放出來的需要，也會
以同一種色調呈現，看上去甚至像是藝
術素材。

協調又襯托。能夠這樣也是理所當然的，成為室內陳設的核心的大多是累積了二十年的傢俱，今天來看也全是很普遍的物件。

「我想打造一種沉著冷靜的現代化氣息，就以白、黑、木質另外還有棕墊的質感來統一。木頭儘量選擇黑胡桃木，會因為年歲和材質不同而有一定差異，挺有意思的吧！」

起居室裡能夠向外眺望到社區植被和代代木八幡神社遠景的一部分被單獨隔出來做工作室。特別喜歡在家的赤津並沒有刻意地區分辦公場所和居住空間。如果要說哪裡需要費腦筋，也就只有照明方面。工作室的空間使用的是接近太陽光的一種特殊燈光。因為會對作品的顏色有一定影響，所以為了讓作品顏色穩定而煞費苦心，但眼睛還是會疲勞，為此生活空間裡只使用間接照明。

「家既是辦公場所又是放鬆的地方。在這裡度過的時間很長，因此為了能讓心情舒暢我只擺放自己喜歡的物品。話雖如此，最近變得不怎麼買東西了。東日本大地震的時候餐具架塌下來，珍貴的餐具和雜貨碎了很多。雖然受到了強烈打擊，但也讓我放下了執念。比起使用嶄新的物品，我更傾向於用慣了的狀態，因此特別注重對物品的保養。如果持有的東西太多，就會對其厭倦，想想那次事故可能來的正好（笑）。」

15

14

14 > 特別憧憬像美術家讓•皮埃爾•雷諾的作品一樣的白色瓷磚，浴室和洗面台都是純白色的。化妝也在這裡完成，因此早上起來的活動路線比較集中。　　15 > 起居室入口旁的窗戶原本是楓葉圖案的毛玻璃，現在換成了格子狀的玻璃。左側廚房的門也挖空後鑲嵌上了同樣花紋的玻璃，玄關就一下變得明亮起來。　　16 > 赤津家的房間格局比較狹長，走廊也相對較長，因此放上了椅子和藝術作為裝飾。　　17 > 為了能夠打掃到各個角落，床下裝了能夠活動的小腳輪。鋪床方式與飯店樣式相同，讓小小的日式房間透出幾分時尚。右側落地型的空調有著像傢俱一樣的外觀非常好。

17

16

MY FAVORITE

　　赤津生動又鮮明的插圖基本都是手繪。打草稿時使用的自動鉛筆一定是 LAMMY（淩美）牌的。最近的產品都在更新換代，迴紋針多是銀色的，但赤津喜歡用的是黑色的。書寫用具往往用著用著就沒有了，但在赤津這裡與其他物品並沒有什麼不同，長年以來都被赤津珍惜著。

　　「以前一直使用木質鉛筆，但削鉛筆的過程太過繁瑣就換成使用自動鉛筆。我試了很多品牌，最終找到了這個。紅色這支裡面的彈簧出了問題壞掉了，但無論如何都捨不得扔掉。另外在寫排程時使用的是蜻蜓牌細自動鉛筆。握柄是橡膠製的，書寫起來非常舒服。」

COLUMN 2

創作者們的照明

影響室內陳設方向感的燈罩。

突顯主人個性的大膽選擇。

在此，我們談一下出強烈存在感的照明。

1 > 看上去像是用夾子把紙固定住的這個簡易燈罩是按照植原（P118）的靈感製作的試製品。因為沒有投入生產變成商品，所以現在這個燈罩是世界上獨一無二的。　2 > 卡斯蒂格利尼的「史努比」是古賀（P124）一直以來夢寐以求的物品之一。匹配的檯面乍看像是訂製的，其實原本是施工現場的陶製鋼管。　3 > 尾崎家（P6）的廚房燈是德國製的工業照明。尾崎被這種復古的感覺吸引，在一家叫做「Objectd' art」的商店買入。　4 > 由小林（P16）的園林藝術家朋友村瀨貴昭製作的「Re:planter」水晶球。在實際生活當中能夠作為照明使用，打開電源裡面的綠植就會呈現夢幻般的感覺。　5 > 20年前在西洋雜誌中發現並私人進口的法國電燈。原本表面光滑明亮，但因為赤津（P68）喜歡的棕墊質感，親手進行打磨。

6 > 水野（P96）在建造房子的時候訂做安裝的臂燈。與牆上掛的日本鹿骷髏頭相配，打造出奢華的氛圍。　7 > 與垂掛的餐具相互衝擊形成了奇妙的光影效果是「H.P.DECO」燈罩的一大亮點。因為是 2 年前買下來的，對於植原家來說算是新品。　8 > 小森家（P146）的餐廳裡閃閃發光的金色燈罩是阿爾瓦・阿爾托 *（Alvar Aalto）的名作。長長的垂線能夠讓餐桌得到特寫。　9 > 70 年代的檯燈是

八重（P44）過去經營的室內裝飾店裡留下來的。與數字鬧鐘顏色和品味一致，非常有味道。　10 > 與多國籍的口尾（P108）的住宅極其相配的東方風格的鑲嵌工藝吊燈。是從在土耳其經營燈具的朋友那裡買來的。

*阿爾瓦・阿爾托（1898-1976）是芬蘭現代建築師，人情化建築理論的宣導者，同時也是一位設計大師及藝術家。

植物造型師的家

川本 諭

1 > 乍看像是精心打造的空間，實際上 200% 的世界觀被發揮在了工作上，而自己的住處則以「隨性」為關鍵字，綠植終究只是生活的裝飾品。

5

3

4

CASE.8 >>> SATOSHI KAWAMOTO

8

> 川本硬是把大小、樹形完全不一樣的綠植組合在一起，顯得比較活躍。比起排成一列的方式呈現高度，本川選擇的是靈活運用飄窗部分的立體感和深度。　3＞ 愛犬佐羅一直伴隨川本左右。他們一起度過的悠閒時光，也是作為品牌藝術家的短暫休憩。　4＞ 川本認為「不論什麼顏色的牆面都能襯托植物的美」。中央插著垂懸植物的裝飾品是用撿來的床體彈簧改造的。
5＞ 位於起居室深處的沙發上放了很多靠墊，色彩衝擊感強但不造作。仿照圓粗植物樹皮做成的圓筒形靠墊十分俏皮可愛。

每個房間都有不同的主題顏色
能夠使心情放鬆的是「隨意」的世界

　　川本在紐約也有一個住處，而在東京的這個房子是有院子的兩棟獨戶建築。設有天窗的上下通透型樓梯，又是透風性極佳南向的房子，具備各種培育植物的良好條件，讓人不禁感嘆真像植物藝術家的風格。

　　「我曾經為了配合房間而選擇植物，但從來沒有為了配合植物而尋找房子，但現在回想起來之前住過的都是窗子比較多的房子。開始住進這個家之後稍微改造了一下，但原本就很別緻，在一些細節上很像國外那個家。」

　　川本家裡讓人印象最為深刻的是牆壁的顏色：玄關為灰色，起居室是赭石色外加古典花紋，廁所則是綠色……另外一個便是各種各樣的植物。因為川本會長期不在家，必然就會選擇澆水次數少的多肉和垂懸植物。大部分都是打理起來很簡單的植物。

　　「即便是租過來的房子，能夠自由貼壁紙這一點很方便。為了調節心情，各個房間貼了不同顏色的壁紙。大型傢俱無疑會決定整個房子給人的印象，其實牆壁的顏色也是一個關鍵性要素。對於我來說，家必須是一個能夠放鬆心情的場所，就應該成為被自己喜歡的物品包圍、並在打造這種環境的過程中不斷湧出對這所房子的愛戀，像『自己的風格』且能夠以最樸實的面貌存在的場所。這可能就是享受悠閒生活的一個啟示吧！」

　　用來裝飾空間的雜貨和綠植可以說是川本本人天性的表現。像沙發、桌子這種大傢俱同樣，全部都是帶有通達世故氛圍的廢品藝術。雖然他本人的世界觀是精益求精，但並沒有讓人感覺到沉悶，反而是有一種不可思議的自然灑脫，讓人感到愜意。

　　「嶄新乾淨的東西讓我沉不下心來，但也沒有必要全部都是舊物件。總而言之把『喜歡的東西』混合起來放入房間讓它更有個性。比如我用麥克筆在廚房壁櫥的門上寫了自己和朋友『喜歡』的一些話語，想把裝飾起來的房間稍微弄凌亂一些，甚至會使用比較粗糙的筆觸。」

81

CASE.8 ＞＞＞ SATOSHI KAWAMOTO

6 > 起居室入口一側的牆壁使用的是古典風壁紙。擺放了一些美國原住民風格的裝飾品。左下方的鑲板是納瓦霍族＊的物品。
7 > 從捲線盤上垂下來的不僅僅是燈。這種特別有視覺衝擊力的裝飾物是叫做「旅人蕉」的植物。試管燈是在日本東京西荻
窪的「無相創」購得的。　8 > 起居室裡的主沙發是川本特別喜歡的現居住在紐約的藝術家約翰・肯帝諾的作品。手繪的布
料讓人感覺溫馨。　9 > 意味深長的間接照明是由小小的電燈與在鏡子裡的倒影交相輝映，營造出來的別緻氛圍。生動活潑
的「捕夢網＊（Dreamcatcher）」是把印花手帕撕碎後手工製作出來的。

＊ 納瓦霍族：美國最大的印第安部落。
＊ 捕夢網：美國印第安人傳統工藝品。

10 > 一半時間都是自己做飯的川本家廚房。他有時會摘取庭院裡的植物拿來裝飾，與外界形成一種連動性。種類繁多的植物與櫥櫃上的手繪文字使這個房間的氛圍舒緩下來。

11

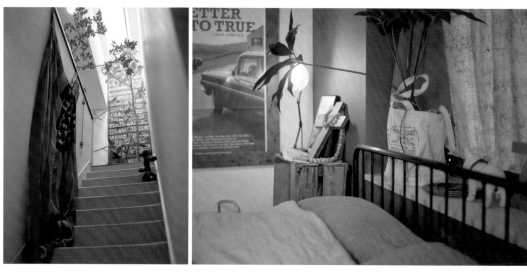

12

13

14

15

11 > 雖然住進來不到三年，小小的庭院裡早已綠樹成蔭。四周圍起來的板子是從印尼帶回來的，還有店裡的廢棄建材進一步增添了假日氛圍。　12 > 這房子雖處在偏遠之處，但能夠從天窗獲取充足的光照，因此完全沒有陰暗的感覺。放了一盆巨大的法國橡膠樹，充分利用了天花板的高度。　13 > 枕邊的綠植是用布包把花盆包裹起來的，以營造輕鬆愉快的氛圍。稍顯庸俗的小物件與《Journal Standard Furniture（標準傢俱期刊）》中嚴肅的鋼鐵架床正好能夠相互協調。　14 > 愛鞋如命的川本有一個 6 疊 * 大專門放鞋子的房間。整面牆堆放滿鞋子的古色木箱，還會用櫥櫃進行展示性地收納。全都是看起來非常漂亮的鞋子。　15 > 床罩是朋友製作的深藍色手工拼布與厚布塊搭配起來的。兩樣都是使用的復古材質，與做成窗簾的軍用帳篷正好協調。

* 疊：是日本以榻榻米為基準，用來計算空間的單位。1 疊榻榻米的大小約為 90 x 180（cm），6 疊的話便是約 270 x 360（cm）的大小。

17

16

18

16 >「正因為洗手間空間小，所以才適合用比較誇張的顏色」川本如是說。墨綠色的牆面上，藝術品和地圖異常奪目。據說之前住所的廁所是粉色和棕色的。17 > 可以稱得上是整間房子顏面的玄關牆上，除了有在美國買的布工藝品，還有復古風及阿斯蒂＊的盤子，排列地非常勻稱。在水泥地面上鋪了一層古董樣式的瓷磚，增添了幾分大眾流行元素。　18 > 鞋櫃上整齊地擺放著川本在旅途中購買的雜貨。墨西哥和法國栩栩如生的裝飾物正好與約翰・德里安（JOHN DERIAN）帶有惡意的陶瓷器皿相配。　19 > 餐廳裡的桌椅是朋友轉讓的。愛犬佐羅毛髮亂蓬蓬的樣子看上去像裝飾品一樣。

19

* 阿斯蒂：ASTIER de VILLATTE。引領瓷器界新古典派殘舊美學的生活風潮。

MY FAVORITE

　　不論是在自己的房子裡，還是在咖啡廳，或是辦公室，記錄一下想起來的創意亦或是提煉自己的構思時必不可少的便是筆記本和書寫工具。川本一直喜歡用的是「LIFE」空白型筆記本和簡潔的皮質筆袋。從稍稍帶有民俗風格的細繩捆綁的設計中能夠感受到川本的風格。

　　「這種筆記本到處都有賣，很容易買到這一點非常棒。之所以選擇空白頁的這種是因為要把它當做寫生簿來用。應該怎樣修改造型樣式，雖然說不上是設計圖，但可以用來畫一些草圖，所以還是紙面空白的更方便一些。皮革筆袋是別人給的，越用越有味道，所以變得越來越有型這一點非常棒。」

1

創意總監・設計師的家

河村純子

1 > 他們坐在丈夫在三鷹居住時在古董店裡購買的沙發上，一面眺望著陽臺一面聊天。對於工作繁忙的兩個人來說，這是非常珍貴的時光。 2 > 麗莎・拉森（Lisa Larson）的以女性與椅子融合為一體為主題思想的裝飾板，與古色傢俱相互協調，輕鬆地融入到了整個房間。「跟河村很像」丈夫如是說。

2

4

3 > 當作電視櫃使用的櫥櫃是荷蘭的古董傢俱。河村找人在後面開了插線板的的專用小孔，是她非常喜愛的一件物品。外觀時尚的植物架是在 SOLSO FARM 購買的。　4 > 設計圖案考究的玄關門墊是阿富汗地區生產的編織物。是河村還在以前公司的時候，從照顧過自己的松浦彌太郎那裡得到的禮物。　5 > 不光有觀葉和尺寸大小各異的綠植，再加上四季花卉，營造了一個更加嬌豔美麗、富有浪漫情懷的陽臺，白色花朵不會過於可愛，這點也很優秀。

5

5

充分發揮建築選地優勢
被豐富的綠植和藝術包圍的舒適生活

　　河村家裡擺放出來都是生活所需最低限的傢俱和雜貨。寬敞的陽臺上則是各種植物枝葉繁茂，彷彿是在淨化大都市的空氣一樣。位於復古風格公寓的這套房子，散發著「私人綠洲」的氛圍。

　　「以結婚為一個契機搬進來的時候，我們請 Green Fingers 的 Satie（川本諭 /P78）為我們做了陽臺。讓他為我們打造庭院是我多年的一個夢想。也是從那開始，我家丈夫開始熱衷於研究綠植，一點一點地學習才有了現在

6

這種枝繁葉茂的情景。我家周圍都沒有高層建築，所以坐在沙發上眺望陽臺，視線裡只有植物和天空。我非常喜歡這種凝望的時光。」

河村超級熱愛大自然，但因為工作緣故又不得不選擇住在城市中心。結婚之前就一直住在這個綠植比較豐富的區域，據說現在住的房子是在網上發現的，當場就決定下來了。

「決定的關鍵點是能夠遠遠眺望到三宿森林綠地的寢室。早上被小鳥婉轉的鳴叫聲喚醒，和煦的風會把泥土的芳香吹入房間。白天躺在床上，從窗戶裡看到的只有植物，彷彿自己是睡在大自然當中一樣。我的工作多多少少都會

牽涉到私人空間，但我基本上都堅持不把工作帶家裡來。一是自己也想放鬆，二是經常會叫朋友過來，所以我非常重視保持一個能夠以美好心情生活的空間。」

對於不在家工作的河村來說，充滿了負離子和喜愛之物的這個家，是百分之百的放鬆空間。精挑細選後中意的藝術品為這個簡潔明快的房間增添亮點。

「裝飾用的物品和繪畫都是從朋友那得到的。因為工作關係，我有很多現代美術家朋友，這是跟喜愛藝術的丈夫一樣的愛好。我能有很多機會跟自己崇拜的藝術家交流，他們有時會專程為我們製作作品，作為一個粉絲來說，沒有比這再令人高興的事情了。」

7

5 > 每一種植物澆灌的時間都不一樣——男主人一面跟我們交談一面悉心照料著。雖然養死很多，但從中積累很多知識。　6 > 比較高大的綠植放在陽臺兩側，中央專門設置了一個小小空間，能夠看到廣闊的天空。從起居室往外眺望出去，就彷彿是天空之庭一樣。　7 > 與植物非常相配的薄荷綠色座椅出自H.P.FRANCE。後面這一扇復古風格的門是英國一百年前的物品。十字架主題讓人印象深刻。

8

8 > 曾經在教會使用過的能夠堆疊的椅子，在有客人的時候就會發揮重要作用。坐墊是土耳其的魔毯，外觀和坐起來的感覺都心情變好了。桌子是可以變成長桌的伸縮型。

9

9 > 為了不破壞房間氛圍，男主人書房的各個物件都統一為白色。桌上鋪著一直以來收藏的寮國蘭騰（Lanten）族的刺繡布料做成的桌布，增添了溫柔的韻味。　10 > 被命名為「纏繞的樹」的絲網印刷版畫與富有魄力的植物相搭配。河村在選盆方面選擇了與黑垂葉榕樹形相配的盆子。另外仙人掌呈簇擁朵狀。　11 > 書房的一面牆上鑲嵌著美國製的書架，藝術類書籍和 CD 塞得滿滿當當。其中起到裝飾作用的是 KAN FUKUDA 的作品。　12 > 書房入口迎面看到的就是現代美術家的朋友莫里森小林的作品。桌面上以標本為創作主題的作品也是由他製作的。

10

11

12

14

13

13 > 河村的書桌放在寢室。這裡也放了莫里森小林的作品。因為是特別強調實用性的書桌和椅子,因此可以說土耳其的坐墊起了緩和氛圍的作用。　14 > 巴黎的櫥櫃上放著的北歐雕花玻璃器皿主題極富溫情,河村特別喜歡。跨越國界的混搭風格看上去很成熟,這種品味讓人讚嘆。　15 > 寢室裡從窗戶透進來的自然元素,以及森林的樹影都會讓人聯想到睡眠。做成床罩的蘭騰族刺繡以及坐墊都成為裝飾點綴。

15

MY FAVORITE

　　放鬆時刻少不了紅茶和蜂蜜茶。法國紅茶百年老店「MARIAGES FRÈRES」自 17 世紀以來不光是出品的紅茶，茶壺也廣受好評。其中一款吹製玻璃工藝製作的「HAPPY ALADIN」是河村家享受特別的一杯紅茶時登場的重要茶壺。

　　「外觀細緻精妙，感歎真不愧是手工職人一柄一柄地單獨手工打造的，大量生產根本做不到。我當時覺得肯定會不小心弄碎就一直害怕著不敢買，但無論如何都抑制不住，忍了長達兩年的時間最終在吉祥寺店買下來了。正是因為它是一件絕佳的珍品，我才會小心翼翼地對待它，從結果上看可能還不錯（笑）。我常用這柄茶壺沖泡紅得璀璨的南非國寶茶。」

室內陳設設計師的家

水野了祐

CASE 10
>>>
INTERIOR DESIGNER
RYOSUKE MIZUNO
P.96-105

隨心所欲地填滿各種想法的家
與絕對自由的混合室內裝飾相配

在自己家裡有一個專為愛好而設的秘密基地。

實現絕大部分男性理想之一的水野大部分在家的時間都會在「基地」裡度過。為了能夠當做書房使用，直接和玄關相連的車庫，最深處的牆壁上安裝了架子和書桌。話雖如此，他在這裡度過的時間大多是埋頭於自己喜愛的無線遙控設備和改造自行車。

「用車庫代替書房使用是一直以來的願望。拓寬玄關地面、起居室裡的地面改成海麗蒙式、還有製作一個露天陽臺這三點是建這個房子時特別關注的重點。當我還是公司職員的時候就打算獨立出來創辦公司，所以一直堅持的就是建造一個能成為『樣板房』的理念。所以房子裡滿是功能性強且外觀精緻，讓人想搬進來住的各種創意。」

幫忙一起裝修房子的是水野小時候的玩伴細田，他同時又是水野經營的建築設計公司 HOUSETRAD 的同事。細田對建築材料實驗性的嘗試，和在搭配以電視櫃、沙發為主的自家公司產品時的高品味，都發揮他能夠為水野提供專家級的房屋建設意見。在這裡長年一直使用的物品和復古風格的傢俱混搭在一起，滲透出水野的個性來。

「在室內陳設方面，我也會聽我家夫人的意見，但基本都是我自己決定的。打造房間的時候把風格統一集中起來會顯得比較沉著，但我本身就有一些叛逆心理，就特別想弄一些不同尋常的東西。美國老式的物品配上軍隊風格。就喜歡這種曲線球。即使覺得比較散亂，但也是以自己喜好為中心的，各種物品都能很自然地搭配在一起。」

一樓除了車庫還有充滿生活氣息的浴室，二樓主要有壁櫥、起居室和餐廳等，多是家人團聚和小憩的場所。有兒童房的三樓主要是為了休息⋯⋯這種並沒有刻意區隔空間而是按照樓層不同而設置不同的使用目的，這樣可以縮短行動路線，室內裝飾風格方面形成差異。特別是盥洗間和浴室是以外國地鐵站為主題設計，既發揮原有功能又設計上別出心裁。

「父親曾經教導過我『不要過被外人看到會覺得羞恥的生活』。因此在建造這個房子的時候，就決定絕對不使用被別人看到會覺得羞恥的物品。對自己來說可能真正好的東西會價格昂貴，但如果帶著愛意去珍惜的話就能夠長

1

久使用，這樣就會回本，從結果來看比較節能環保。也沒
有必要所有的東西都必須是精華，能夠以合理的價格買到
的絕妙設計是最好的，沒有必要非得強迫自己花大價錢。
不去爭強好勝，而是用著自己喜歡的物品幸福地生活，這
是最佳狀態。」

1 > 坐鎮於適度雜亂的車庫中的是哈雷‧
大衛森（HARLEY-DAVIDSON）和本
田的埃爾西諾（Elsinore）。休息的時
候這裡就會變成附近朋友隨意過來玩的
交流場所。

2 > 架子上隨意擺放著各類工具、玩具以及頭盔。特別鍾愛的椅子是 GIROFLEX 牌的。在公司也在用，水野特別喜歡這種椅子的外觀和坐起來的感覺，因此也買來放在家裡使用。　3 > 從高中時代起就開始收集的唱片類。把唱片放在轉盤上，一面欣賞著音樂一面做無線遙控或改裝自己愛車的時光對水野來說非常重要。　4 > 使用頻率特別高的工具就不會收進工具箱而是懸掛起來，就省下了一個一個往外拿的工夫，兼顧便捷與美觀。　5 > 通過自然採光消解車庫裡沉悶的氛圍。為了高效利用空間，巧妙安排了公路自行車和小輪腳踏車的懸掛方向，顯得展示收納自在隨意。

6 > 大學生時代，個人進口的美國復古鐵皮櫃當做鞋櫃使用。因為深度比較
長，所以就狠心截心成了鞋櫃大小高度。

7

7 > 建造這個房子的初期就拓寬了玄關面積，與車庫直接相連，但從縫隙吹進來的風特別冷，所以用混凝土塊堆起一個隔板。有一半是玻璃製，能夠讓房間寬敞明亮不壓抑。　8 > 放置了各種大小不一的綠植，讓起居室充滿生機。當家人入睡後夜深人靜時，水野就會躺在吊床上慢搖，這是他自我療癒的地方。　9 > 在玻璃做隔板通透性極強的廚房裡，水野用比較低的造價製作出了給人冷酷印象的工業化造型。牆壁上貼著的是美國瓷磚，還有手工製作的開放式櫥櫃。

8

9

10 > 吊床設在起居室、餐廳的正中間，無意間把空間分隔開，同時演繹了一種立體感。餐椅是埃姆斯以及佔領軍曾經使用過的折疊椅。　11 > 水野是比起細節更重視心情的人。室內裝飾著作為興趣愛好收集起來的象牙海岸帕烏勒族面具，無形中醞釀溫暖的氛圍。　12 > 從玄關到樓梯，以及兒童房都鋪上了在夏威夷等地經常使用的西沙爾麻做的地墊。無論任何季節光腳踩在上面都會覺得很舒服。

11

12

10

13 > 比正常尺寸短的海麗蓁地板與電視櫃都是 HOUSETRAD 公司的原創。能夠以較低的預算輕鬆完成。可愛的花毯和藤條相互結合，打造出了拉丁世界的氛圍。

13

15

14

16

17

14 > 外觀平和的基礎型沙發與基里姆地墊搭配。對比色彩效果中表現出幾分素雅，這種顏色的選擇方式屬於水野流派。　15 > 餐廳一處角落安裝玻璃架，做成了小孩手工製作的塑膠模型展示角。若無其事地融入到整個房間的氛圍中去，又靜靜地突出強調著自己。　16 > 在樓梯的牆壁上懸掛的油畫是與水野一樣愛好廣泛的父親的作品。因為覺得空間比較單調，正想要一幅畫，回老家父親就轉讓自己。　17 > 原本這一部分的樓梯會比較暗，後來使用玻璃隔板代替牆壁就實現了自然採光。玻璃主題藝術的試製品用花邊和彩色絲繩懸掛起來靈巧地統一在一起。

18 > 整體風格較為男性化的水野家中，最有女性感覺的就是兒童房的壁紙。目前這個房間作為孩子寢室使用，也會隨著其成長進行改變。　19 > 陽臺呈寬闊的 L 字型，到了舒適的季節，水野他們也會在陽臺上烤肉。這一片住宅區周圍沒有高層建築，天空寬廣，涼風宜人。

20

21

22

20 > 模仿紐約地鐵，利用同一顏色的明暗來表現的盥洗間。這是一個集洗澡間、廁所、洗面台、毛巾儲藏間、化妝間一體的盥洗間，因此活動路線相對集中，且能夠減輕家務負擔。　21 > 灰色調的塗料配上木質建築材料非常時尚又能讓人感受到溫暖。不用說門把手、鑰匙孔，家裡的五金基本都是以黃銅質統一。　22 > 最上層採用的是後退一截的外觀設計，打造了一種流暢與冷峻的氛圍。與復古風格混搭的室內裝飾形成強烈反差。

MY FAVORITE

　　與家人一起度過的假日或是工作疲憊回家的時候，整個人能夠一下陷進去的沙發。因為使用的是軍需產品的質地，稍顯粗糙，但作為小孩子們的遊樂場來說，可能這樣更好一些。造型堅固結實，無論是坐還是躺都完全沒有問題。藤條部分是雙面可用的，翻過來就是簡潔的木紋沙發，去掉靠背抱枕後也可以當床使用，這是 HOUSETRAD 家的原創商品。

　　「乍看是帶迷彩花紋的沙發，就會過分左右整個房間的品味，變得敬而遠之，但如果按照一種時尚的感覺來造型的話，軍用物品反倒是更好搭配一些。而且這個沙發一大特色就是能換外罩，能夠非常簡單地改換形象。能夠享受大膽選擇的樂趣。」

創作者們想要的物品②

如果有這一樣東西的話,現在的生活能夠更多彩。
無論是現實中存在的物品還是全新創作,
讓我們來看一下創作者們是如何把自己理想的物品完成的。

創意總監・設計師
河村純子

極富存在感的大型觀葉植物花盆

高度大約1公尺左右,外觀設計和動畫電影《霍爾的移動城堡》一樣,如果種上樹木的話高度可以達到 2.5 公尺。把外形往往比較單調的花盆製作得更有意思。種上大型的鵝掌藤,讓室內變成陽臺的延續。

室內陳設設計師
水野了祐

簡潔時尚的家用大小四方形冰箱

外形上邊菱形,素材使用純白色以及純不銹鋼材質。懷舊的冰箱把手作為裝飾亮點,帶有自動製冰槽。主要是對最近兩側塑膠材質和圓弧形設計的冰箱不太滿意。

料理專家
口尾麻美

與廚房和起居室之間的牆壁
尺寸大小正好合適的瓷磚板面餐具架

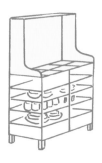

黑色調木質,下半部分成四層一邊收納器皿,帶門設計。瓷磚板面的高度恰好坐在椅子上也能輕鬆操作,如果還能夠裝飾上器皿那就更棒了。

創意總監
植原亮輔

在移動大型植物時比較方便的
帶腳輪的漂亮盆栽

即便是一個人想要輕鬆移動大型盆栽的話,必須要有長把手和小腳輪。如果是木質的就會設計得稍微像古董一些,如果是不銹鋼製的話就設計成現代化的、乾淨俐落的外形。

室內裝飾設計師
古賀陽子

能夠於工作間隙彈一曲的基礎版直立式鋼琴
再加上一隻貓

我不太在意是哪家製造的，就是特別喜歡跟舊平房特別般配、外形
緊湊的直立式鋼琴。旁邊再有一隻叫「太郎」的布朗虎貓。對於不
是工作就是睡覺的這種生活，想要一些療癒系的要素。

攝影師・編輯
伊藤慎一

利用石材的天然造型之美，
挖出空槽製作的帶蓋香盒

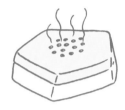

用稍大一些的石頭中間打薄，下方挖出能夠恰好放入焚香的槽，為
了讓煙散出來，蓋子上打上幾個小孔，做成上下合在一起就像一個
完整石塊的香盒。

遊戲視覺藝術家
小森真一郎

把書房（小窩）照得通明的螢光燈燈箱

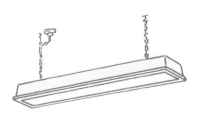

為了配合細長型的房型，外形輪廓做成時髦的長方形。最好是能夠
與室內陳設相融合的木框盒。小窩到了晚上光照不是很充分，因此
要做得稍大一些，讓房間變明亮。

圖形設計師
漆原悠一

能夠豎著收納顏色校正紙的箱式精細隔板櫃

顏色校正紙以前一直是橫著堆在一起，為了提高作為資料的利用率
而製作的專用收納櫃。豎著做很多隔板，可以像書架一樣方便抽取。
下方為了能夠存放物品會比較高的櫥腳。

料理專家的家

口尾麻美

CASE 11
>>>
COOKING SPECIALIST
ASAMI KUCHIO
P.108-117

1

在任何地方都能對各國調味料進行反覆試驗
不斷進化的住所

口尾曾經訪問過以巴黎為首，西班牙、土耳其、立陶宛等歐洲和中亞為中心的數十個國家和地區。每次出行都會買很多雜貨，使這個房子色彩鮮豔。口尾一天中大半時間都會在一體式餐廳廚房中度過，為了能夠攝影和開辦料理培訓班，一體式餐廳廚房與起居室連為一體，儘量拓寬面積。為了能夠方便找到各種器皿，口尾並沒有專門設置食品儲存室等收納空間，而是選擇展示出來。

「是不是覺得我們家東西特別多？因為我工作性質就是這樣沒有辦法，管理物品格外費力。大致理念是按照巴黎公寓和食品雜貨店（epicerie）那種色彩多樣的陳設方式，但是從各地旅遊回來會受到那邊的影響，漸漸地風格就混在一起了，現在可能是土耳其的感覺更強一些吧！」

雖然口尾擁有的物品色彩斑斕，視覺衝擊力都比較強，但深灰色的牆壁以及斜鋪的地板這種底色現代感更強一些。14 年前買下這套公寓的時候，絲毫沒有像現在這種重新裝修的想法，後來在沒有可以仿照的前例的情況下進行了大膽改造。也為了配合生活所需，一點一點地按照自己的需求和喜好慢慢積累成了現在這種風格。只有看過了多個民族的各式生活之後的口尾才能夠打造出來如此多國籍樣式

2

2 > 冰箱裡放常溫也可以保存的蔬菜，就放在在法國馬賽港買的菜盆或北歐平價設計（Flying Tiger Copenhagen）的筲籬中。這樣廚房看上去比較華美。　3 > 不光是在吃飯的時候使用，有時會拿來當做飯工具攪拌或是撈舀，使用頻率極高的刀叉用具。選用的是曾在各個國家的食堂裡使用過的工具。
4 > 故意使用不同顏色的費默蔔 Fermob 椅子是廉價中的精華。書架上面放著大塔吉蓋鍋。因為口尾也是塔吉料理的專家，所以擁有各種各樣的塔吉鍋。

的住所，而且其進化看上去永無止境。

「我所參考的是海外的雜誌和飯店，浴室結構以及經過浴室進入寢室這種房型佈局都參照了海外飯店。浴室請來專業人士，但洗面台的瓷磚是自己DIY。其他方面也想省些錢來，比如自己撕的牆紙，拆掉壁櫥之類。住進來之後也修修補補了好多次，比如添加了一些隔板，改換一下牆壁顏色等。在國內總也遇不上自己心儀的物品，也無法一下就到達完美的狀態，所以只能一點一點地追求我們自己理想中的形式。」

3

4

5 > 擺放很多珍奇工具和調味料的廚房。口尾並沒有考慮活動路線和實用性，但這充滿了從海外嶄新的廚房那裡得到的各種啟發所帶來的趣味性。　6 > 最近有一種形式可愛且拿取方便，也不用專門設置保存空間的「懸掛式」收納法，口尾這一段時間被這種收納法迷住了。家裡全是一些不浪費空間的想法。　7 > 待客備用餐具一直都很乾淨俐落。酒杯、餐具等使用的時候都放在托盤中，儘量能夠實現輕鬆組合搭配。　8 > 看似雜亂無章實際上分類明確，帶有土耳其伊斯坦堡的大巴紮集市（GRAND BAZAAR，原意：有頂蓬的市場）的感覺。其實右上角的天秤就是在土耳其調味料店裡使用過的物品。

9 > 沒有使用餐具櫃，而是直接在牆上訂上隔板放上各國的器皿和工具。
牆上用法語寫著「我們珍貴的物品」飽含深意的語句，毫無造作感。

9

10

11

10 > 櫥櫃中央放著土耳其的茶炊，其左側是喬治亞的酒，面前是土耳其喝咖啡用的小型咖啡杯，全都是珍奇的物品。　11 > 書架上除了有自己寫的書和工作用的資料，還放滿國外的烹飪書籍。因為書架能夠頂到天花板，因此拿書時需要墊腳的椅子，口尾選擇的椅子充滿了懷舊感，氛圍融洽。　12 > 為了抵禦寒冷飄窗做成雙層窗，也確保了一定的展示、收納空間。因為光照不錯，所以飄窗內擺放的都是耐高溫和透光性強的法國多萊斯（DURALEX）杯子和瓶子等玻璃製品。

12

13 > 寢室與起居室之間的充滿活力的檸檬綠牆壁，據說原本是粉色，後來由男主人親手塗改而成。摩洛哥山羊皮坐墊和地毯則選用較為沉著的色調，以達到中和的效果。　14 > 代替咖啡桌使用的是與地毯極其般配、帶有異國風情的土耳其托盤。下面支架也是為了和托盤匹配，按照相應尺寸在土耳其購買的。　15 > 被施以複雜刺繡和裝飾的民族服裝，掛起來就是非常有存在感的室內陳設。現在掛起來的是烏茲別克的服裝，有展示性收納的感覺。

14

16 > 就像國外的飯店一樣，浴室與盥洗、廁所不是完全獨立，而是用玻璃隔開，讓空間寬敞舒適。帶有生活氣息的吹風機等零碎物品都放在帶蓋的籃子裡。　17 > 經由浴室進入寢室的入口。旁邊放置的耐高濕的淡灰色架梯，外形設計簡單，與整間浴室氛圍契合，兼具裝飾性和實用性。　18 > 在日本的雜貨店裡買來的印度貨架塗上了油漆，上面擺放了非洲的籃子和摩洛哥的玻璃製品等。帶簽名的穿衣鏡顯得輕鬆自在。　19 > 進入玄關後迎面看到的牆上貼著男主人的畫作。掛著烏茲別克的刺繡布料的梯子和起居室裡的架梯都是在同一家雜貨店買的。

18

19

MY FAVORITE

　有客人來訪或是料理課程、工作間隙等想稍作休息的時候就會喝茶。這時候口尾使用的是叫做「Cay danlik」的雙層茶壺。在日本很少見，但在土耳其這是日常用品。

　「上半部分裝入茶葉，下半部分燒開水用來蒸茶的這種構造。把煮沸的水澆在上層的茶壺裡，根據個人喜好來調整土耳其茶的濃度。土耳其茶實際上指的就是紅茶，我每次去土耳其真的是每天、時時刻刻都在喝。我本來是為了在日本也能喝到土耳其茶而買來的，也拿它來喝了很多土耳其咖啡。還有這個土耳其茶杯、過濾茶葉的箅子都是在土耳其買的，總覺得拿出來一塊使用會讓茶水更好喝。」

創意總監的家

植原亮輔

2

3

1 > 起居室讓人感受到調皮心的燈罩格外引人注目。左側呈半透明狀，內側使用的紙張上打算印刷製作原創圖樣。　2 > 桌椅是公司的合夥人渡邊良重那裡轉讓過來的。窗邊整齊地陳列著放入輻射計的玻璃罩以及小花瓶等。　3 > 傢俱顏色並沒有按照色調統一，可以體會到隨著年月流逝的變化。在植原的家裡有很多特別非常想換掉，但又充滿留戀捨不得的傢俱。　4 > 15 年前在目黑街區的一家古董店裡因為一時喜歡衝動買下的唱片架。現在用來收納一些零碎的小物件。

4

5

5 > 在音樂方面屬於雜食，沒有固定的特殊樂種，喜歡聽各個領域的音樂。最近放 BGM（背景音樂）的時候，就全部交給 Apple Music。　6 > 從櫥櫃的窗戶可以窺視到金色茶具是朋友送的阿斯蒂耶爾（Astier de Villatte）。和在微波爐加熱後使用的蘑菇型按摩器相配。　7 > 兔子形狀的靠墊和雪花水晶球。從一些意想不到的事情上就可以窺見植原愛開玩笑的性格。與毯子一樣顏色的花盆是花店 DILIGEN CE PARLOUR 家的。

6

7

正因為在家度過的時間短
所以要認真為享受在家的時光做準備

　　搬到這裡來的契機是公司開立的這個時間點。當時理想的住所是去代官山辦公室上班方便的地方，而且因為有養寵物，因此最好有一間寬敞一些的房子。在房產仲介網站看房間格局的圖片和照片的時候，接著就看上了現在這個房子，而且一個人就能重新裝修，為了住得更加舒適，在各個方面都進行了改進。

　　「地面原來鋪了地毯，後來就把長期存放在倉庫裡的攝影剩下的地板材料拿出來，改造成了地板面。過去特別

9

8

8 > 鑲著玻璃的餐具櫥櫃裡擺放的內容都
會定期改換陳列的方式。因為特別喜歡
器皿，所以在國內外出差或旅遊的時候
都會帶一些回來。　9 > 上層白色的是白
山陶器，玻璃製品是滋賀玻璃工坊博物
館購得。這些都是出差時買回來的。八
角形的大碗是植原親手參與製作的
「KIKOF*」。

喜歡比較深沉的棕色系木質傢俱，現在則喜歡偏白色調、明亮一些的。特別喜歡的是把位於福岡的「krank」傢俱店裡的古傢俱外層塗料剝掉後的感覺。設計師們被稱作傑作的作品也非常棒，但我就是喜歡獨一無二的東西，所以會覺得手工製作的物品格外有魅力。因此我也會自己DIY。」

植原有時還會親自設計製作桌椅，用防水布做成窗簾和陽臺用篷布……雖是一心埋頭於打造能夠放鬆身心的空間，然而他在這個房子裡度過的時間並不是很多。若說享受時間，也不過是晚上晚歸在外喝些啤酒，或是偶爾跟朋友一起吃個飯這種程度。這種距離感，比其他人更多一些。

「週末工作也很多，即便是能休息也是去做瑜伽、在外吃飯，或是為了調查就出遠門，說實話現在的狀態就是沒辦法好好享受在家的生活。實際上在辦公室的時間占絕大多數，所以可能這個房子對我來說有些多餘。但即便如此，我還是每天都會去打掃，儘量保持房間乾淨。現在與其說是『生存』的地方，不如說『生活』的感覺更強烈一些。儘管如此，我也打算讓這個房子成為能夠實現『睡覺』、『和朋友吃飯』等目的的場所而做完全的準備。」

*KIKOF：是由日本 KIGI 公司與日本滋賀縣手工藝者組織 Mother Lake Products（母親湖產品專案）於 2014 年共同發起的一個餐具、傢俱品牌。

10 > 從起居室延伸出來的木質甲板是在建築家朋友的幫忙下手工製作的。經褪色形成的灰色調中有部分是裝飾性的白色，這是突出的重點。白色的篷布也是植原自己手工製作的。　11 > 因為是按照格式填入的，因此廚房道具比較齊全。雖然自己做飯的機會很少，但他認為要做就做最好，比如調配各種調味料製作真正的咖喱飯等。　12 > 雖然這不是設計師設計的公寓，但像門上窗子做成三角形這種時髦的細節處理成為植原入住的決定性因素。　13 > 植原家位於最頂層，於是拜託經營植物的朋友搭配了一些綠植，入口處後來也訂做了一些樹叢。

MY FAVORITE

　難得休息的時候就會在家裡辦家庭聚會或是進行一些簡單繪製，因此桌子面板光滑明亮更加方便一些，而且防水就更好，出於這種想法，就下決心在福岡主要經營翻新舊傢俱的「krank」家把買來的餐桌進行了改造，在桌面上塗了一層樹脂，提升了使用起來的舒適度。

　「因為有這樣一種桌面，所以即便是不小心撒上了酒也能一下擦淨，手工操作也很方便完全無壓力。這本來是建築家長阪常的作品『FLAT TABLE』，是以前在六本木新城與我們的作品一起合作展覽時的桌子，後來我讓他賣給了我。其實一開始我就打著要把它買下來才計畫合作的（笑）。」

室內裝飾設計師的家

古賀陽子

CASE 13
>>>
INTERIOR DESIGNER
YOKO KOGA
P.124-131

1 > 從玄關進來接著是工作間，也是開會的地方。跟日式房間極其般配的 KARIMOKU* 沙發以及北歐古典風格的桌子體現了現在流行的和洋折衷的理念（日式與西式的結合）。

* KARIMOKU：日本最大的傢俱品牌之一。

2

存在於東京新宿空白區域
能享受到四季變化、有個性的平房格局

4

　　在不斷開發改造的東新宿地區，有著幾處彷彿被人遺忘的舊住宅街道。從古舊的混凝土牆裡探出來的綠蔭，告訴我們那裡有寬敞的庭院和昭和時代的老宅。房子的庭院要比外部看上去還要大，甚至可以抵上獨門別墅的庭院。古賀的住所是從房東家庭院裡建起來的，是一座有四十年歷史的廂房。雖然是共有庭院的形式，但入口是分開的，所以生活能夠保持合適的距離。本以為古賀就是被這種環境和建築物的風趣吸引而選擇的這個家，實際上契機是來源於建築家特有的視點。

3

「在網路上看到的時候，覺得房間佈局非常有意思。住宅往往是進玄關後，首先是走廊，其兩側或盡頭是房間，這是一般住宅的構造。然而這個房子進玄關後迎面是牆，打開兩側的門接著就是房間。到現在為止我都沒有住過獨棟的房子，就覺得特別有意思，搬過來為止大概過了有五年了吧？之前一直住在芝浦等地的普通集體住房，所以搬過來之後環境和住起來的感覺都發生了翻天覆地的變化。」

古賀把玄關右側門進來的四疊半大西式房間做成了寢室，把左側門進來面庭院的六疊大雙間中的隔扇拆掉，做成了辦公室。沒想到因為寢室朝東，每天早上都會被太陽喚醒，而辦公室朝南，就形成了冬暖夏涼的優越環境。把壁櫥當做桌子使用這種奢侈的想法，也只會出現在收納空間綽綽有餘的舊民宿當中。

「置身於這個辦公室，即使一直都是面對著電腦，也能享受到櫻花、楓葉、木蘭以及四季變化。最近竟然還有果子狸出沒，跟新宿的整體印象完全不搭調。雖然住起來非常舒服，但最近一段時間有搬出去的想法。因為是在家工作，所以到了繁忙的時期就會一直閉門不出宅在家裡。從切換時間這方面考慮也需要把工作場所和住宅區分開。但如果那樣的話在外就餐就會變多，飲食規律又會打亂，因此現在比較猶豫。我特別喜歡做飯，這個家小小的廚房可以隨便使用，這一點很棒。」

* 東急 HANDS：日本著名的家居日常用品連鎖店。

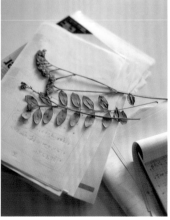

5 > 木框窗中透出只有昭和時期的住宅才有的風趣。從韻味深長的懷舊毛邊玻璃透進來的光和煦溫暖，但古賀比較頭痛的是冬天裡從縫隙裡鑽進來的冷風。 6 > 以旅行為樂的古賀，在旅途中購買的雜貨陳列在房間一角，全是富有個性、符合古賀審美眼光的物品。小竹籃來自摩洛哥，蠟燭台來自斯里蘭卡，黑色的招財貓出自鹿兒島。 7 > 「我把在附近路邊摘的野草壓成了標本」。有時會把工作上製作日常用品和鑲板等多餘出來的部分拿回來裝飾家裡。

7

8 > 這是一間落地燈做成間接照明、注重安穩的寢室。房子朝東，百葉窗沒
有完全遮光，目的是讓和煦的朝陽把自己喚醒。

8

9 > 採訪時正趕上庭院裡綠樹成蔭，甚至能感受到負離子撲面而來。但到了冬天樹葉幾乎都會落盡。帶著屋簷的小小木甲板惹人喜愛。　10 > 秋天的楓葉非常美好，就像文章中寫的落葉地毯一樣。「年終大掃除的時候會清掃一次，大概可以分成十個垃圾袋的份量。想當成取暖或是烤番薯的焚燒落葉使用。」

MY FAVORITE

　古賀雖然住在日式房子裡，但基本上都會穿著拖鞋。特別是到了冬天，地面要比想像的冷很多，如果沒有拖鞋根本就無法生活。現在最愛穿的就是在拖鞋的基礎上加入芭蕾舞鞋元素的「Proximite」。

　「這雙鞋我已經穿了三年左右，感覺我會一直穿下去。這是朋友經營的品牌，據說是在摩洛哥加工，是可以自己選蝴蝶結和蕾絲顏色的半訂製形式。我比較喜歡簡潔大方因此選的是全黑的，但其本身色彩相當豐富。雖然直至完工需要等一段時間，而且作為拖鞋價格也相當不菲，但設計能夠符合自己理想又能穿很久，就花了一些小錢。」

創作者們的植物

植物在提升房間氛圍方面也起很大作用，
而存在於創作者家中的植物，有仔細斟酌後的選擇，
也有大膽活潑的引入方式，用以消除生活感。

1 > 像大型題材一樣的綠色球體是毬藻。每年赤津（P68）都會向「NOBILIS」的白川幸子長期預定。　2 > 做成乾燥花的小花束與玻璃製的花器搭配出的懷舊組合。令人懷念的氛圍與漆原（P154）的西式房間很搭配。　3 > 從川本家種類豐富的庭院裡摘來的枝葉與空氣鳳梨插入瓶中，擺放在廚房的窗邊。大小不一的呈現方式製造出一定的韻律感。　4 > 靈活發揮樓梯井的作用，搭配外形高大的斑點橡膠樹和 BUS ROLL SIGN，強調了天花板的高度。能夠如此大膽地使用綠植，非川本（P78）莫屬。　5 > 八重（P44）西式房間中的植物也是源自豐富多彩的寬敞庭院。房子裡放一些小型的觀葉植物，或是插幾枝野花野草……根據個人心情進行調換，享受四季變化。　6 > 河村（P88）家的起居室能夠眺望到像空中花園一般的陽臺。為了讓室內更有綠色氣息而擺放的是大型鵝掌藤。　7 > 翠藍色的綠植吊架是 HOUSETRAD 家的原創，水野（P96）特別喜歡。與正紅色的綠植盆組合，純真可愛。

1	2	
		4
3		
5	6	7

創作者們的收納

閃耀著品味之光且實用性超強的收納方式源於小小的靈感。
外形精美，使用方便的收納，不論擁有物品或多或少，
都是生活上一項重大課題。

1 > 這種不銹鋼製的托盤，能夠把擺滿文具、亂糟糟的書桌整理得井然有序。　2 > 赤津（P68）把很容易透出生活氣息的調味料和香辛料等移放到相同尺寸的玻璃瓶中，既能夠輕鬆辨識其中內容，又可以保持外形美觀，一舉兩得。3 > 小小可愛的瓷器都是放在摩洛哥的笳籮中進行展示性收納。取用是否方便，對於料理專家口尾（P108）來說也是很重要的一點。　4 > 口尾把家裡所有的玻璃杯和醒酒器都收在了在 THE CONRAN SHOP 購買的園藝用托盤上。開料理教室等來客比較多的時候直接全盤托出，非常方便。　5 > 河村每天晚上就寢前的必做功課便是讀書。床頭櫃的抽屜就代替了書架用來收納書籍。大多數都是便於收納的文庫本（小開本）。　6 > 櫥櫃裡拾得整整齊齊的物品滲透出赤津一絲不苟的性格。用小盒子隔板，按照設計不同進行刀叉用具和餐布的分類。有時也可以把整個小盒子的餐具拿出來使用。　7 > 這也是赤津的收納。每次拿出需要使用的書籍時，都必須把疊在起來的書的一角完全對齊。最上層放的書必須是形象美觀的書。

1	2	3
4		5
	6	7

攝影師・編輯的家

伊藤慎一

CASE 14
>>>
PHOTOGRAPHER & EDITOR
SHINICHI ITO
P.134-145

油雞從容漫步。一樓進入玄關後右側是浴室和洗手間，正面是小倉庫，左側樓梯呈十字型延伸，樓梯上又加蓋了四四方方的箱式臥室——這是一個構造極其不可思議的房子。與周圍環境對照，會發現這種不平衡進一步增加了不協調感。

「我在九十年代末就抽空在網上查看位於伊豆和房總附近的舊房子。發現是在 2003 年，當時被奇妙的外形吸引過來看內室的時候，發現洗手台和馬桶都是柳宗理 * 設計的。因此堅信這間房子肯定是費過一番苦心（笑）。這也是我決定購買的一大決定因素。」

經受著海風洗禮的空房子很快就荒廢起來。已經兩次易主的這間房子因為只是進行了表面裝修，所以木製的窗框、涼臺的門檻和廊柱、膠合板下的原木地板板材以及房間四角都處於腐爛狀態。

「我看了當時的材料，找到了設計這個房子的建築師山本英明，複印了當時的設計圖紙，他還跟我談了建這座房子時的事情。窗戶和柱子讓工匠們儘量按照一開始的樣子重新製作，內部裝修和房子裡需要用水的地方（廚房、浴室、廁所等）都是自己一點一點地動手改造的。我比較喜歡二十世紀後半期的義大利傢俱，但和這個家的環境不是很配。北歐風格的傢俱正好合適，而且木製傢俱不會因為海風生銹，不用特別打理就能長期使用。」

伊藤在創造自己生活的過程中，從傢俱到家電乃至服裝都堅持「不買新的」。一是自己對發光明亮的嶄新物品感到羞恥，二是覺得以合理的價格創造美好生活是一種樂趣。這一點跟其他的創作者是共通的，但伊藤是「擅長取用和發現」。來到這裡之後又成了「擅長拾取」。院子裡的雞窩，據說也是用從海邊撿來的浮木和石頭搭建起來的。提到在東京近郊的鄉下生活，人們往往會在腦海中描畫一種安閒舒適的場景，但在伊藤看來，為了生存必須從零開始嘗試，甚至覺得選到了極其偏遠的地段。

「這裡是城市邊緣地帶，經濟和文化的空白區域。這個地方在國道沿線也有地方性大型商店，我現在這種生活方式在城市資本能夠到的地方是行不通的。不過站在自己的角度上來看，這種被丟棄的感覺也是輕鬆。只不過因為各種不方便，驅使著自己學會了很多，但還是一項一項處理起來相當麻煩，生活必須全力以赴。有時甚至會懷疑自己究竟在這裡做什麼，但在日常生活中能看到地球最原始部分的荒涼，那時候就會安心下來。」

在臨海的 80 年代獨棟中
盡全力用雙手創造生活

　　沿著海岸線伸展開的縣道兩旁，就像是忘記了又突然想起來一樣時不時地出現一、兩家民宿和商店。伊藤的家就佇立在不知到底是有人住還是在營業的這個人煙稀少地方。眼前太平洋無邊無際，600 坪的大院子裡五隻名古屋

* 柳宗理：日本老一代的工業設計師。1936-1940 年在東京藝術大學學習，1942 年起，任勒‧柯布西耶設計事務所派來日本參與改進產品設計工作的夏洛特‧佩利安的助手。他將民間藝術的手作溫暖融入到冰冷的工業設計中，是較早獲得世界認可的日本設計師。

2

2 > 窗邊釋放著存在感的綠植是三年前在沖繩攝影時遇到的筆筒樹。像大型蕨菜一樣發芽的時候，就會把它搬去曬太陽。躺一次就會身心舒暢的吊床，現在是朋友的孩子專用。　3 > 這間房子原本設定的是一樓二樓都可以穿鞋，所以去往三樓的樓梯本來是帶有鞋櫃功能的樓梯。樓梯面用朋友送的西沙爾麻重新鋪裝。　4 > 這個地方處於海風強烈的地方，雖然夏天不需要冷氣但冬天特別寒冷，因此對於上下通透型的房間來說壁爐必不可少。

3

4

6

5

5 > 唱片轉臺上櫸木材也發揮了重要作用。偶爾也會搞搞 DJ 的伊藤的唱片陣容中，從爵士、R&B 到都 HARUMI*，應有盡有。　6 > 康加鼓是以前在組拉丁樂隊時留下來的。與吊床、筆筒樹一起能夠加倍提高休閒指數，又與以雪花結晶為主題的藝術品以及北歐沙發形成對比平衡。　7 > 看似隨意分類存放的大量唱片上掛了自己的照片，考驗自己是否會看厭。還有自己在報社上班時拍攝的照片。

7

* 都 HARUMI：都はるみ，1948 年生，日本著名演歌歌手。

8

8 > 開始腐朽的餐桌面板也用噴砂機打磨光亮，實現完美復活。搬進這個家之後開始讀的是外國自助建房方面的書籍。只不過太複雜無法作為參考。　9 > 餐椅原本都是 70 年代三支桌腳設計的椅子，但坐的時間太久，布製的椅子面受損嚴重，現在正在使用的就只剩下一把了。

9

10 > 因為三餐基本都是在家製作，廚房得到充分利用，伊藤去掉了原本內置式的櫥架和流水台，換上專業型商用水槽。因為兩側都有窗戶，所以整個廚房寬敞明亮，去陽臺用餐也很方便。　11 > 除了小型植物和裝飾，桌面上還擺放當地收穫的應季食材。左下方為在秋田買的日本國產硬核桃。　12 > 螞蟻椅（ANT Chair）和七字椅（SEVEN CHAIR）旁邊擺的是秋田木工的曲木椅。全部都是別人給的或是換來的，雖然沒有統一，但只要外觀設計好也會看來不錯。

CASE.14 >>> SHINICHI ITO

13

13 > 進入玄關，一上樓梯就會看到起居室一側的整面牆都做成了書架。這是第一個房主後期安裝上的，據說本來是計畫用來採光的格子窗。

14 > 建築物的二樓四角都做成了窗子，其南側是陽臺。在修繕過程中，面朝庭院的部分就乾脆沒有安裝欄杆。給雞餵食果皮和蔬菜時比較方便。　15 > 夾著廚房的陽臺對面，面朝東向的窗邊植物生機勃勃。窗外一望無際的黃鶯如夢境一般。

17

16

16 > 三樓是作為工作間和待客室使用的日式雙房。在牆上隨意貼著的是自己和朋友的作品。一直漏雨的日式房目前仍處於修繕中。 17 > 工作用的書桌也是自己使用樟木的廢舊材料親手製作的。在這張桌子上進行資料處理和編輯等工作。南側全部做成全景落地窗，創造了一種通透感，緊湊又不會給人狹窄的感覺。 18 > 左側是在 L.A. 發現的 50 年代的鏡面拼片和瓦西裡休閒椅（Wassily Chair）。右側是展現玻璃與鐵的質地之美的落地燈。 19 > 位於裸露橫樑上方的傾斜屋頂的三樓部分給人複式的感覺。登上梯子繼續往上就會到瞭望台，能夠看到一望無際的海岸和地平線。

19

18

20 > 寢室帶有中世紀的感覺。地板是針葉樹三合板的上面鋪了一層皮革，而牆壁也利用了大片針葉樹三合板的肌理，刷得泛白明亮。　21 > 玄關正面縱深展開的小倉庫裡既有暗室又可以收藏自行車，還能夠存放編輯製作的書和工具等。　22 > 樓梯兩旁的架子上，和浮木一起擺放著去夕張時撿回來的煤炭、去瀨戶內海的犬島冶煉廠遺址撿回來的礦渣磚等從攝影地拿回來的物品。

22

21

23 > 周圍寬敞到若沒有車轍一直延伸到玄關入口處，就無法到達他家的程度。伊藤把一塊地清理出來做成了旱田。光是庭院裡面的除草工作就很辛苦，最近有些敷衍。
24 > 旁邊這塊地原本生長著能夠抵禦海風的自然林，在伊藤外出的時候全部被伐掉，差一點作為太陽能用地被出售的時候，伊藤與朋友合夥共同購買下來，為了將來能再造森林。

MY FAVORITE

　早上在海邊慢跑過後，就會用自家產雞蛋做雞蛋捲或煎雞蛋來當早餐。據說雞蛋不冷藏而是常溫存放的話，就會保持著一直存活的狀態，能夠長期存放。剛剛下的蛋因二氧化碳沒有釋放完，所以不太適合做煎雞蛋，這是在開始養雞之後才知道的。雜草、昆蟲、蔬菜梗、貝殼等對於名古屋油雞的健康成長來說必不可少。伊藤一打響舌，它們就會期待著奔跑過來等待餵食，公雞往往會豎起雞毛一展雄風，膽小的母雞則會藏起來。如果是一隻，伊藤會叫「這傢伙」，如果是好幾隻在一起，伊藤會叫它們「這些傢伙」。

　「這些傢伙都太聰明了，最近意識到雞蛋會被拿走就會變換生蛋的地方。所以我都會去草比較茂盛的地方找。它們既不是寵物，也沒有牲畜那麼大的體型，介於兩者之間的存在吧！」

遊戲視覺藝術家的家

小森真一郎

CASE 15
>>>
GAME VISUAL ARTIST
SHINICHIRO KOMORI

1 > 無論是餐桌也好，沙發也好，都是按照能夠眺望到外面美麗景致而擺放的。被打磨到發亮的阿爾瓦·阿爾托（Alvar Aalto）的吊燈非常有衝擊力。
2 > 書房的桌子上擺放著幽雅靜謐的模擬工具，與飄散出高品質的整個房子正相配。黑色墨水與黑貓的搭配營造輕鬆氛圍。

3

3 > 這間房子採光條件和通風狀況都很好,利於植物生長。考慮著與各個傢俱之間的平衡,選擇不同葉形和樹形的植物。 4 > 綠植不僅會栽種在花盆中,稍大些的枝條也會定期更換。那時候整個房間給人的印象都會變得截然不同,心情也會煥然一新。 5 > 因為廚房空間較小,因此一部分收納分散到了餐廳。兼廚房門窗隔扇的餐具櫃是日本國產的老物件,昭和年代與北歐風格相得益彰。稱作「韋格納雅各森」的經典椅子結實穩固。

4

5

6

6 > 能夠俯瞰整個起居室的書房（DEN），也是夫人開辦麵包教室時，小森幽閒的地方。桌椅喜歡用赫爾曼米勒的Ypsilon。　7 > 書房的牆面全部做上了隔板架，為了不產生壓迫感，和視線平行的一層只用來裝飾，下層用來收納，擺滿CD和塑膠模型等。　8 > 小瓶子中插入的綠植以及夫妻倆小小的照片演繹出了一種隨意的溫情。小森有時候會帶工作回家，但對他來說，書房就是享受樂趣的地方。　9 > 為了讓起居室面積更大，將原本不到6疊的書房縮小成了3疊左右，但與起居室之間的做了窗戶，使之更加開闊。從這裡可以看到起居室的電視。

透過繼承建築思想進行改造實現理想
過著現代版「昭和現代」的生活

　　小森的理想就是建築家前川國男的房子。那是在江戶建築園展示的昭和中期以現代主義為基礎的和洋折衷的空間。帶有這種理想的小森住進現在的復古公寓中的轉機，可以追溯到夫人受傷的四年前。在夫人療養過程中突發奇想搜尋房子的時候，在一直比較關心的區域發現了這個公寓。

　　「房間自不必說，寬敞的入口和公用部分、豐富的植被等，再加上優秀的管理體製，我都很中意，就當場決定下來了。最開始是租賃的方式，居住感受出類拔萃，於是就開始考慮把它買下來。也有人把完全重新裝修的房子分開出售的，但我覺得既然住復古型的公寓，就要選充分展現當時內部裝修優點的住房，就一直在等人出售後期完全沒有改裝的房子。」

　　小森夫婦在上一任房主居住的時候就來看過房子，接著就深深愛上了它。於是二人開始按照沿襲建築思想的感覺或是保留原本房間的氛圍，或者是改造。充分利用了原本的構造進行設計，也請了參與水野家（P96）改造的「HOUSETRAD」的設計師細田過來幫忙，給這個房子畫龍點睛的作用。

　　「他不僅能夠深刻理解我的一些瑣碎追求，而且能夠為我提供更加優秀的細節方案，因此這個房子變得比我們原本想像的還要更加適合居住。」小森從很久以前就對自己想要居住的房子有著清晰的印象。在還是單身的時候開始就一點一點地買來的自己心儀的傢俱遇上了理想的房屋，簡直就是為這個地方量身訂做一般融洽，並為這裡增添光彩。

　　「一體式客廳餐廳、還有書房，都是考慮著從坐下來的地方能夠看到什麼來對傢俱進行擺放。我認為一個家到底能不能安定是由椅子來決定的。我花費了長時間去把收集起來的椅子放置在正合適的地方，因此這個家是我最喜歡的地方，勝過任何舒適的咖啡館和酒店。」

7

8

9

10

10 > 在讓這個房間變得更加明亮方面，發揮一定作用的太平洋傢俱服務（PACIFIC FURNITURE SERVICE）家的沙發。這個顏色已經停止發售，所以雖有幾處破損仍會非常愛惜地使用。 11 > 家中所有的五金零件全部選擇金黃色統一是設計師細田的提議。補充了小森沒有注意到的細節部分，使得空間散發著高貴的復古感。 12 > 輕盈的玻璃板桌面的桌子是英國的 G-plan 家的傢俱。彷彿是一套組合傢俱一樣的絕配靠墊是 HIKE 家的原創。

11

12

13 > 為了身材高挑的夫人而專門設置得較高的廚房。拍照片的這個位置是小森能夠眺望到夫人做飯的固定位置。 14 > 作為廚房的隔板和窗戶等木質部分設計精華的餐具櫃。這是從很久之前就相中，趁著搬家這個機會買下來的願望清單中的物件。 15 > 廚房裡的隔板和窗戶中，餐具櫃的玻璃四角和溝槽都進行磨圓處理。大框的施工由土木工程公司來做，但細節都是請專門的傢俱工匠。 16 > 小森認為「日本陶器就算是很小一隻也會起到一下凝縮空間的作用」。由日本奄美的陶器大師野口悅司製作的小小花器中，插入了默默無聞的野花，這種平衡感讓人讚歎。

17

18

19

17 > 家裡有時會招待人吃飯，有時夫人會按照一週一、兩次的頻率開辦麵包教室，這時候派上用場的就是讓‧普魯韋＊（Jean Prouvé）設計的桌子，外形穩固且邊角處沒有桌腳。甚至有時候還會把它拿來當乒乓球桌。　**18** > 原本是日式房的壁龕部分安裝透氣性極佳的百葉窗式的門，做成收納休閒衣服的地方。頂櫃用來收納空調。　**19** > 這個房子中令人著迷各種原構造中其中一項就是按照方格紋鋪設的地板。腳踩在上面非常舒服，採用了能夠調節濕度的櫟木素色木材。　**20** > 充分發揮之前的房主作為書法教室的日式房氛圍改造成的寢室。從昭和時期著名建築那得到啟發，牆壁貼的是比其它房間顏色稍顯深沉的三合板。

20

MY FAVORITE

  來客比較多的小森家中，有許許多多地能夠彰顯好客精神的娛樂項目。能夠讓這張本是一起吃飯聊天、有時作為麵包教室的操作臺的桌子華麗轉身化為休閒設施的，就是這組乒乓球套裝。可以看出他們最大限度地享受在家時光的這種態度。

  「好不容易發現了這種板面寬大而且沒有桌腳礙事的桌子，所以就在網上訂購乒乓球套裝。黑色的是我的，紅色的是妻子專屬球拍。朋友來的時候打打乒乓球能夠讓氣氛活躍起來，當我們覺得最近運動不夠的時候也會兩個人稍微打一下。因為是在室內打所以不受天氣影響這一點也非常棒。有時打得太入迷，就會展開一張激烈廝殺（笑）。」

*Jean Prouvé（讓‧普魯韋 1901-1984），是法國一位自學成才的建築師和設計師，在上個世紀透過設計傢俱、物件、建築和預製物品，成為現代派運動的領軍人物以及 20 世紀的設計大師之一。他在材料使用方面有非常強的個人創意表達能力。

153   CASE.15 >>> SHINICHIRO KOMORI

圖形設計師的家

漆原悠一

在寬敞舒適的大型文化住宅中
實現工作與生活的完美切換

　　選擇在家工作這種生活方式的創作者至今已有無數，漆原雖然在自己家裡專設了辦公場所，但跟上下班一樣嚴格切換上班時間和私人時間。這是一間戰後接著建起來的二層獨棟，現在漆原把二樓做成辦公室，一樓用作居住，遇到這間理想中的房子，也成為自己重新審視面對工作的方式和至今為止的生活的一個轉捩點。

　　「以前過的是從自己住的公寓到代官山租賃的辦公室上下班的生活。在找這個房子的過程中，也並沒有打算要商住兩用，當時只是想找一個新的辦公室。我在房地產商的網站上看到這個房子的時候，因為對舊的建築比較感興趣，馬上就跟辦公室的員工一起過來看房子了。一樓進入玄關後右側當做小會議室的西式洋房，左側有樓梯，往裡還有客廳等好幾個房間，是一個能夠完全把工作和居住區分開的構造，再加上建築條件和環境優良，接著就簽合約了。」

　　漆原一方面充分發揮了建築物原有的和洋折衷的魅力，另一方面又注重辦公室的實用性。窗外能夠看到與房東共用的庭院裡草木茂盛，為了外面的景色與屋內的氛圍保持協調，儘量避開顏色過於華麗的傢俱，以簡單大方的品味統一。

　　「我增加了一些收納的隔板架，儘量與門窗隔扇的顏色相近以去除不協調的感覺。一天的大半時間都是在這裡度過，儘量創造一種以原木和白色的傢俱作為基底，能夠高效、舒適工作的環境。身旁自然資源豐富，而且視野開闊能夠非常清楚天氣和太陽的移動，也許是這些原因，讓我比之前更能意識到時間的流動。除去繁忙期，我會嚴格按照自我規定好的時間來工作，剩下的會安排到第二天，現在過著有張有弛的生活。」

　　「自己家」的室內陳設也能夠讓人感受到建築物本身特色。漆原想把自己家做成能夠放鬆身心、開放式的空間，就對日本房屋特有的多隔板構造進行了改造，去除了隔扇，也卸掉了廚房和寢室之間的門，只用暖簾來區隔。增加開放感的高天花板，對於身高184cm的漆原來說，能夠毫無

1

壓力地生活這一點讓他開心不已。

　　「私人時間大多都是外出，如果在家的話就會聽聽音
樂看看書，想過得更加舒坦一些，因此沒有壓迫感更好一
些。但到了冬天真的是很冷，若不裝上隔扇，暖氣就幾乎
不起作用。不過這種不方便又有好處，家裡的面貌不同心
情也會不一樣，而且能夠感知到四季變化，還是挺開心
的。」

1 > 古老的日本房屋的厚重感，用
輕盈的室內裝飾演繹出一種現代
感。去除掉隔扇，放上沒有背板
的書架以及玻璃面板的方桌等，
都在強調空間的通透性。

2

2 > 天花板很高且設有書架，因此考慮到整體平衡，飲食就在這套餐桌組合上進行。藉由選擇鐵線腳桌子和簡易椅子，實現了日式與西式的時尚結合。

3

4

3 > 在書架上設置了專門用來展示的空間，提高了室內裝潢整體藝術感。裝飾的是自己喜歡的裝幀本。定期更換，能夠輕鬆改換心情。　4 > 窗簾屬於半遮光形式，能從窗外透進來柔和的光線是最理想的。木框窗只有最下面一框做成毛玻璃用以遮擋外人視線，這一點是經典的舊民宿家裡的細節。5 > 透過暖簾來區分住所和辦公室，每天通過登上近在咫尺的樓梯來「通勤上班」，鋪設地毯是為了阻擋從地板透上來的寒氣，選擇紅色也是在視覺上起到防寒的作用。　6 > 長年使用的充滿了愛意的沙發比較厚重，因此選擇了藤條製的玻璃桌和蕨類植物相配使氛圍更加流暢。坐在這裡眺望著庭院稍事歇息，是無比幸福的時刻。

5

6

7

7 > 安裝餐具櫃的場所，被稱為廚房相當吻合。籃子中放的果實是在庭院中取得的。增添上尤加利樹的葉子，感覺正在等待著展示的時機。 8 > 從餐廳看不到廚房，宛如圍牆般的門簾，選擇長版的理由，原本就是想遮掩經常亂七八糟的廚房，與生活區別開。 9 > 沒有必要的話，也不會故意去更改原本房屋的設計，希望徹底發揮用途。燈罩是為了這個房間量身訂做般，因為我非常喜歡，所以就持續使用。

8

9

10

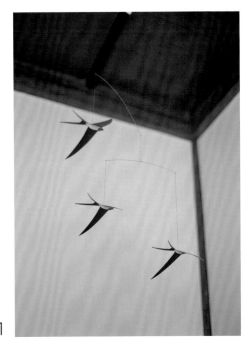

10 > 精確測量尺寸製作了木框，這樣就能充分發揮窗臺的作用。只要把大小相同的器皿按照相等間距擺放，在材質方面也保持統一，也能讓收納展現出優美的氛圍。　11 > 輕輕搖盪的燕子主題藝術品輪廓鮮明，使得日式房華麗升級。正因為天花板很高，所以強調上部空間的活動雕塑才異常奪目。　12 > 自獨立以後，漆原把之前與同在一間辦公室的夥伴一起拍攝的紀念照、從愛好旅行的前輩那得到的印度木雕半身像等充滿回憶的物品裝飾在餐廳一角，是漆原非常珍視的一角。

11

12

13

14

15

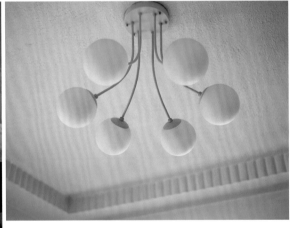

16

13 > 純和風式毛玻璃的玄關拉門，搭配格子窗間的裝飾藝術，遍及於現在這時代的話，充滿混搭風。可以看出曾經是時尚的文化住宅。　14 > 進入玄關後，右側的西式房間，因為是一樓，所以分類為辦公區。為了能不經過私人領域而使用，有效的作為商議房間使用中。　15 > 房內的凹陷空間，剛好可以放入於東京‧下北澤 R&B 購買的尺寸適中的書架。因為封面而衝動購買的書籍、貴重的古老書籍、喜歡的裝幀本和自己製作的書，混雜陳列著。　16 > 雖然是洋房，但是從入住時就有奇異的圓形照明和頂部迴緣的弧形並排著，這個可愛設計也是很費工夫的。不太過主張統一的色彩為白色這點也是很值得嘉許的。

17 > 會客室裡做成格子的窗戶和欄杆以及米黃色木材中營造出懷舊又時尚的
氣圍，藍色花瓶與 2003 年度的浴池宣傳海報又增添了幾分亮麗色彩。

18

19

18 > 現在除了漆原還有兩名員工在這間辦公室，因為是在桌上工作，漆原儘量地創造一種增進工作熱情又適度舒適的環境。　19 > 從二樓的走廊窗戶俯瞰到的庭院。雖然草木繁茂，但因為一樓天花板比較高，二樓的位置也就相對較高，即便是有高樹也不會遮擋視線，視野遼闊。最適合工作間隙眺望的景色。　20 > 榻榻米上鋪地毯，壁龕做成書庫，佛壇的空間也改成了紙質樣本的存放處。與一樓相比，二樓更側重作為辦公室的功能性，各個方面都進行了改造。

20

21

22

21 > 二樓 10 疊大小的房間作為主間，其中 3 疊放了影印機和工作檯。老房子裡經常藏著像謎一樣的收納空間和小板房，漆原能夠充分發揮它們作用的同時又能讓房間變得寬敞，手法漂亮。　22 > 原本以為只是單純當做室內裝飾的昭和家電，竟然還在使用。為了讓辦公室裡充滿小鳥婉轉的鳴啼聲，據說從祖父那傳下來的收音機會在工作中一直開著。　23 > 當初壁龕和壁龕旁架子上只裝飾了優雅植物。漸漸地資料和自己的書越來越多，就引進了大小尺寸合適的書架。　24 > 走廊一側全是使用的拉門，使房間整天通透明亮。小窗戶的格子精巧細緻且極具現代化匠心，與現代主義的辦公室陳設相匹配。

24

23

25

25 > 進入玄關後，寬敞的三和土地面上放了一個架子。放上了朋友拜託自己製作的廣告傳單和宣傳單，以及某位作家製作的花器，創造公共氛圍。漆原總是會選一些妙趣橫生的花卉。　26 > 與枝葉繁茂的南側庭院相比，西側庭院則是經典的日本房庭院氛圍。一年會請一次專業匠人進行打理，使得如此美麗的庭院得以保持。　27 > 毫無掩飾裝潢，可以用耿直精悍來形容的玄關門。旁邊的木製折疊椅，看上去彷彿是為了跟這扇門協調在一起，實際上是為家中唯一抽煙的漆原抽煙而設的。

26

27

MY FAVORITE

　純黑色底的外皮上只用燙金字打上題目和作者名的厚寫真集，收錄了篠山紀信年輕時拍攝的劃時代的名人和現象等照片，這本是發行於昭和 50 年的初版。其清高又冷酷的外觀，可能是漆原作為圖像設計師的原點。

　「這不是我第一本買的寫真集，我也並不是特別喜歡外觀設計，但能夠感受到照片裡所帶有的壓倒性力量和時代的洪流，最讓人無法自拔的就是頁面構成。給我這本寫真集的是一位攝影師朋友，她也是在上高中時從老師那裡得到的，當時給我的時候說：『我已經看無數遍了就給你吧！』因此我也想在我看盡這本書所有細節之後轉讓給某個人。」

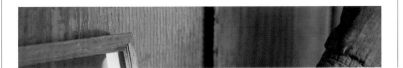

創作者一覽
簡介

尾崎大樹
藝術總監

BaNANA OFFICE 代表法人
—
http://bananaoffice.jp/
info@bananaoffice.jp

小林 MO 子
刺繡作家

maison des perles 代表法人
—
http://maisondesperles.com/
moko@maisondesperles.com

FUJI TATE P
刺繡家

PENTA 創意總監
—
www.fujitatep.jp
www.penta-toho.com

佐佐木芳幸
創意製作人

創意代理商
monopo 代表法人
—
monopo.co.jp
ys@monopo.co.jp

COMOESTA 八重樫
DJ・撰稿人 (音樂相關專家)

https://www.facebook.com/
profile.php？id＝100005349
018519

峰岸達
插畫師

主辦「MJ 插畫」
—
http://minegishijuku.com/
takaido-east@jcom.home.ne.jp

赤津 MIWAKO
插畫家

—
http://www.red2.jp/
m-red2@coganet.co.jp

川本諭
植物造型師

GREEN FINGERS
creative director
—
http://www.greenfingers.jp/
key@greenfingers.jp

河村純子
創意總監‧設計師

MIKIRI 董事
—
http://mikiri.jp/
j‐kawamura@mikiri‐jp

水野了祐
室內陳設設計師

HOUSE TRAD 代表法人
—
http://housetrad.com/
info@housetrad.com

口尾麻美
料理專家

主辦「Amazigh」
—
https://www.facebook.com/
asami.kuchio
asamikuchio@gmail.com

植原亮輔
創意總監

KIGI 代表法人
—
http://www.ki-gi.com/
ue@ki-gi.com

古賀陽子
室內裝飾設計師

ACCENT TONIQUE 代表法人
—
http://www.accent-tonique.net/
yoko@accent-tonique.net

伊藤慎一
攝影師‧編輯

www.graficamag.com
itos@graficamag.com

小森真一郎
遊戲‧視覺藝術家

漆原悠一
圖像設計師

tento 代表法人
—
http://www.tento-design.jp/
info@tento-design.jp

TITLE

探訪創作者的家

STAFF

ORIGINAL JAPANESE EDITION STAFF

出版	瑞昇文化事業股份有限公司	攝影	本多康司
編著	X-Knowledge Co., Ltd.	執筆	西村依莉
譯者	瑞昇編輯部	イラスト	藤田翔
		デザイン	漆原悠一、中道陽平（tento）

總編輯	郭湘齡
責任編輯	蔣詩綺
文字編輯	黃美玉　徐承義
美術編輯	謝彥如　孫慧琪
排版	曾兆珩
製版	昇昇興業股份有限公司
印刷	桂林彩色印刷股份有限公司

法律顧問	經兆國際法律事務所　黃沛聲律師

戶名	瑞昇文化事業股份有限公司
劃撥帳號	19598343
地址	新北市中和區景平路464巷2弄1-4號
電話	(02)2945-3191
傳真	(02)2945-3190
網址	www.rising-books.com.tw
Mail	deepblue@rising-books.com.tw

初版日期	2017年12月
定價	450元

國家圖書館出版品預行編目資料

探訪創作者的家 / X-Knowledge Co.,
Ltd.編著；瑞昇編輯部譯. -- 初版. -- 新北
市：瑞昇文化, 2017.12
168面；18.2 x 25.7公分
ISBN 978-986-401-204-6(平裝)

1.家庭佈置 2.室內設計 3.空間設計

422.5　　　　　　　　　106017417